Krankheitskosten durch Luftverschmutzung

Ingo Heinz · Renate Klaaßen-Mielke

Krankheitskosten durch Luftverschmutzung

Mit 12 Abbildungen

Physica-Verlag Heidelberg

Reihenherausgeber
Werner A. Müller

Autoren
Dipl.-Volkswirt Ingo Heinz
Dipl.-Statistiker Renate Klaaßen-Mielke
Universität Dortmund
Institut für Umweltschutz
Postfach 50 05 00
D-4600 Dortmund 50

Bei dieser Arbeit handelt es sich um eine Untersuchung über „ökonomische Bewertung von Gesundheitsschäden durch Luftverunreinigungen", die im Auftrag des Umweltbundesamtes Berlin erstellt wurde (Forschungsbericht 104 04 113).

ISBN-13: 978-3-7908-0471-3
CIP-Titelaufnahme der Deutschen Bibliothek

Heinz, Ingo:
Krankheitskosten durch Luftverschmutzung / Ingo Heinz;
Renate Klaaßen-Mielke. – Heidelberg: Physica-Verl., 1990
(Wirtschaftswissenschaftliche Beiträge; 28)
ISBN-13: 978-3-7908-0471-3   e-ISBN-13: 978-3-642-46912-1
DOI: 10.1007/978-3-642-46912-1
NE: Klaaßen-Mielke, Renate:; GT

7120/7130-543210

Vorwort

Das Bundesministerium für Umwelt, Naturschutz und Reaktorsicherheit hat im Jahre 1986 das Forschungsschwerpunktprogramm "Kosten der Umweltverschmutzung/ Nutzen des Umwelt-
schutzes" eingeleitet, mit dem eine verläßliche und möglichst "flächendeckende" Ermittlung der Umweltschadensko-
sten für die Bundesrepublik Deutschland erreicht werden
soll. Dazu wurde ein Forschungskonzept entwickelt, das ermöglichen soll, die Größenordnungen der monetären Umweltschäden unter

-   medienspezifischen (Luft, Wasser, Boden, Lärm)

-   branchenspezifischen (Land- und Forstwirtschaft, Fi-
    scherei-, Fremdenverkehrs-, Bau- und Wohnungs- sowie
    Wasserversorgungswirtschaft)

    und

-   schadensspezifischen (Gesundheits- und Materialschäden,
    Schäden im Bereich Fauna und Flora sowie immaterielle
    Schäden)

Gesichtspunkten zu erforschen.

Das Forschungsschwerpunktprogramm erfaßt bei der Schadens-
analyse nicht nur materielle, sondern auch - im Umweltbe-
reich besonders wichtige - immaterielle Auswirkungen auf
die Umwelt. Zu den letzteren zählen beispielsweise die psy-
cho-sozialen Kosten der Umweltverschmutzung und insbesondere diejenigen Wohlfahrtseinbußen, die aus einer
Beinträchtigung des sogenannten Options-, Vermächtnis-und
Existenzwertes resultieren und grundsätzlich über den rein
nutzungsbezogenen, wirtschaftlichen Wertverlust der Umwelt
hinausgehen. Angesichts der Komplexität des Forschungs-
schwerpunktprogramms ist das Zusammenwirken verschiedener
Fachdisziplinen erforderlich. Hierzu hat das

Bundesministerium für Umwelt, Naturschutz und Reaktorsicherheit Forschungsvorhaben vergeben, an denen etwa 70 Natur-, Sozial- und Wirtschaftswissenschaftlern beteiligt sind:

- Ökonomische Bewertung und Gesundheitsschäden durch Luftverunreinigungen (Institut für Umweltschutz Dortmund - INFU),

- volkswirtschaftliche Verluste durch umweltverschmutzungsbedingte Materialschäden in der Bundesrepublik Deutschland (Bundesanstalt für Materialprüfung und -forschung, Berlin),

- umweltverschmutzungsbedingte Einkommensverluste der Fischereiwirtschaft in der Bundesrepublik Deutschland (Futuras, Hamburg),

- der Einfluß der Gewässerverschmutzung auf die Kosten der Trink- und Brauchwasserversorgung in der Bundesrepublik Deutschland (Technische Universität Berlin),

- volkswirtschaftliche Verluste durch Bodenbelastung in der Bundesrepublik Deutschland (Institut für Stadtforschung und Strukturpolitik, Berlin),

- Kosten des Lärms in der Bundesrepublik Deutschland (Universität Köln),

- die volkswirtschaftlichen Kosten durch Beeinträchtigung des Freizeit- und Erholungswertes aufgrund der Umweltverschmutzung in der Bundesrepublik Deutschland (Prognos AG, Basel),

- die volkswirtschaftliche Bedeutung des Arten- und Biotopschwundes in der Bundesrepublik Deutschland (Gesamthochschule Kassel),

- psychosoziale Kosten der Umweltverschmutzung (Gesell-
  schaft für angewandte Sozialwissenschaft und Statistik,
  Heidelberg),

- die Nachfrage nach Umweltqualität in der Bundesrepublik
  Deutschland (Institut für Stadtforschung und
  Strukturpolitik, Berlin).

Zusätzlich hat das Bundesumweltministerium einen For-
schungsbegleitkreis gebildet, dem Vertreter des Bundesum-
weltministeriums, des Umweltbundesamtes und des Statistischen Bundesamtes sowie unabhängige Wirtschaftswissen-
schaftler angehören.

Das vorliegende Forschungsvorhaben befaßt sich mit der
schwierigen Frage der ökonomischen Bewertung von Gesundheitsschäden durch Luftverschmutzung.

Grundlage der Untersuchung ist eine eingehende statistische
Auswertung von Arbeitsunfähigkeitsfällen. Als Untersuchungsraum wurden Teile des östlichen Ruhrgebietes sowie
- als Vergleichsgebiet - Gemeinden im angrenzenden Münster-
und Sauerland gewählt. Den Analyseergebnissen zufolge kann
in den durch Luftverschmutzung höher belasteten Gebieten
von einer höheren Erkrankungswahrscheinlichkeit in bezug
auf Herz- und Kreislauferkrankungen ausgegangen werden.
Hinsichtlich der Erkrankungdauer (Arbeitunfähigkeitstage)
ist sowohl für Atemwegs- als auch für Herz- und Kreislauferkrankungen ein statistisch signifikanter Zusammenhang
erkennbar.

Der Zweck dieser Analyse war nicht eine strenge Beweisfüh-
rung für Ursache-Wirkung-Beziehungen zwischen Luftverschmutzung und Gesundheit - dies gäbe eine statistische
Analyse sekundärer Krankenkassendaten nicht her. Die Ergebnisse der Analyse lieferten jedoch Indizien für derartige
Zusammenhänge, und sie ermöglichen eine ökonomische Bewertung der in den beiden Gebieten unterschiedlichen Krank-
heitsmengen.

VII

Die ökonomische Bewertung umfaßt die Mehrausgaben im Gesundheitswesen für die ärztliche Behandlung und für die Sicherung des Lebensunterhalts bei Krankheit (Lohnfortzahlung bzw. Krankengeld). Danach entstehen der Volkswirtschaft durchschnittlich pro Arbeitnehmer (versicherungspflichtig Beschäftigte) in dem durch Luftverschmutzung höher belasteten Gebiet zusätzliche Gesundheitsausgaben von knapp 270 DM jährlich (Bezugsjahr 1984). Da eine Reihe bedeutsamer Aufwandskategorien aufgrund fehlender Basisdaten außer Ansatz blieben wie z. B. Krankheitsfälle, die zu keiner Arbeitsunfähigkeit führen oder staatliche Gesundheitsausgaben, stellen die ermittelten Kostenwerte eine Untergrenze dar.

Die Ergebnisse der Untersuchung lassen vermuten, daß die umweltbedingten Folgekosten im Gesundheitswesen beachtlich sind und Umweltschutz- bzw. Luftreinhaltemaßnahmen sich auch ökonomisch bezahlt machen.

Umweltbundesamt

1. EINLEITUNG

Gegenstand dieser Untersuchung sind Gesundheitsausgaben, die in luftverunreinigten Gebieten durch ungünstige Lebensbedingungen zusätzlich entstehen. Die ökonomische Bewertung von Gesundheitsschäden bezieht sich auf die finanziellen Mehraufwendungen für die Behandlung von Erkrankungen sowie auf die Arbeitsausfallkosten (Einkommenausgleichszahlungen bei Krankheit). Da es sich um ein wissenschaftlich noch wenig erschlossenes Forschungsgebiet handelt, zielt die Untersuchung in erster Linie darauf ab, einen Weg aufzuzeigen, wie Gesundheitsdaten für die ökonomische Bewertung von Umweltschäden genutzt werden können. Es wird davon ausgegangen, daß Krankenversicherungsdaten dazu geeignet sind, regionale Unterschiede im Gesundheitswesen mit hinreichender Genauigkeit abzubilden. Diese Daten lassen es zu, im Rahmen von Querschnitts- und Zeitreihenanalysen homogene Teilpopulationen nach gleichzeitig mehreren Merkmalen zu untersuchen und diagnosespezifische Krankheitsverläufe für unterschiedliche Teilräume zu verfolgen. Angesichts der zahlreichen Unsicherheitsfaktoren, mit denen es eine solche Untersuchung zu tun hat, wurde das zugrundegelegte Datenmaterial mit Hilfe verschiedener statistischer Testverfahren ausgewertet.

Um einen Überblick über den derzeitigen Stand der Methodenentwicklung auf dem Gebiet der ökonomischen Bewertung von immissionsbedingten Gesundheitsschäden zu geben, wird zunächst auf neuere Forschungsarbeiten eingegangen. Sodann werden die Ergebnisse ausgewählter medizinisch-epidemiologischer Erhebungen (human-medizinische Wirkungskataster, Smog-Untersuchungen, Krebsstudien) darauf hin geprüft, inwieweit sie im Hinblick auf das Untersuchungsziel verwertbares Datenmaterial liefern. Im Anschluß daran erfolgt die Darstellung des gewählten Untersuchungskonzepts. Die der Untersuchung zugrundegelegten Krankenversicherungsdaten werden ausführlich beschrieben und auf ihre Verwertbarkeit hin diskutiert. Im einzelnen werden die relevanten Modellvariablen ausgewählt, der Untersuchungsraum abgegrenzt und der Betrachtungszeitraum festgelegt. Der nachfolgende Abschnitt enthält eine Beschreibung der Immissions- und Klimasituation in den Teilgebieten des Untersuchungsraumes. Besonderes Augenmerk wird hierbei auf die regional unterschiedlichen bioklimatischen Verhältnisse gelegt. Gegenstand des nächsten Untersuchungsabschnitts sind die Ergebnisse der deskriptiven Datenauswertung. Hier gilt es, Auffälligkeiten in bezug auf verschiedene Bevölkerungsgruppen zu erkennen, die Untersuchungsrelevanz einzelner Einflußvariablen zu bestimmen sowie die Hypothesenbildung zu untermauern. Im Anschluß daran folgt die Datenauswertung mittels mathematisch statistischer Methoden und darauf aufbauend die ökonomische Bewertung von Gesundheitsschäden. Das Mengengerüst besteht hierbei aus statistischen Schätzwerten für die Erkrankungswahrscheinlichkeit und -dauer, differenziert nach Diagnosegruppen und soziodemographischen Variablen. Das letzte Kapitel enthält eine kritische Einschätzung des der Untersuchung zugrundegelegten Datenmaterials. Zur Überprüfung der Validität der Krankenkassendaten und damit zur weiteren Absicherung der Forschungsergebnisse wird das Krankheitsgeschehen der zeitlichen Entwicklung der Immissionssituation gegenübergestellt. Abschließend werden die Ergebnisse der Kostenschätzung auf ihre Aussagekraft hin beurteilt und Hinweise auf weiterführende Untersuchungen gegeben.

An dieser Stelle sei allen gedankt, die zum Gelingen dieser Forschungsarbeit beigetragen haben. An erster Stelle ist der Landesverband der Ortskrankenkassen Westfalen-Lippe zu nennen, ohne dessen Unterstützung die Untersuchung nicht zustande gekommen wäre. Dank gebührt ferner den zahlreichen

Mitwirkenden am Institut für Umweltschutz, so vor allem
Herrn Dipl.-Ing. Zielke, der einen großen Teil der EDV-Pro-
gramme erstellte sowie Frau Dipl.-Met. Barth, die für die
Beschreibung der Immissions- und Klimaverhältnisse im Untersuchungsraum verantwortlich war.

Nicht unerwähnt bleiben sollen darüber hinaus die
vielfältigen Hilfestellungen durch Angehörige des Umweltbundesamtes Berlin. Hervorzuheben ist hier insbesondere
Herr Dipl.-Wirtsch.-Ing. Schärer, der das Forschungsvorhaben von Amts wegen fachlich betreut hat.

Nicht zuletzt sei dem Umweltbundesamt ausdrücklich gedankt,
durch dessen Projektförderung die Untersuchung überhaupt
ermöglicht wurde.

2. VORLIEGENDE UNTERSUCHUNGEN UND IHRE VERWERTBARKEIT IM HINBLICK AUF DAS FORSCHUNGSZIEL

2.1 Gesundheitskosten durch Luftverschmutzung

Eine der ersten Untersuchungen zur Frage der ökonomischen Bewertung von Gesundheitsschäden infolge von Luftverunreinigungen ist die in den USA im Jahre 1970 erschienene Arbeit von LAVE und SESKIN (19). Dieselben Autoren veröffentlichten im Jahre 1977 die Ergebnisse einer weiteren Untersuchung, in der sie erheblich verbesserte Methoden und Basisdaten verwenden (20). Auf diesen Ergebnissen basieren neuere Untersuchungen, wie vor allem die Studie der OECD aus dem Jahre 1981 (31) sowie die Arbeit, die von LEU, GYSIN, FREY und SCHMASSMANN im Jahre 1984 für die Schweiz vorgelegt wurde (21). Für die Bundesrepublik hat MARBURGER im Jahre 1986 auf der Basis der Untersuchungen von RIDKER (33), LAVE und SESKIN (19) eine Kostenabschätzung vorgenommmen (22).

Die OECD-Studie beschränkt sich auf die Folgekosten der immissionsbedingten Morbidität. In bezug auf die Mortalität fehlt nach Auffassung der Autoren bis heute noch eine allgemein akzeptierte Methode zur ökonomischen Bewertung von Menschenleben. Erfaßt werden die direkten und indirekten Zusatzkosten im Gesundheitswesen (Behandlungskosten, Lohnfortzahlungskosten). Ziel ist die Ermittlung möglicher Kosteneinsparpotentiale für einzelne OECD-Mitgliedsländer bei alternativen Luftreinhaltestrategien. Die Kostenschätzungen greifen zurück auf die Untersuchung von LAVE und SESKIN aus dem Jahre 1977, deren Ergebnisse allerdings auf einer Querschnitts- und Zeitreihen-analyse von Mortalitätsraten in den USA basieren. In dieser Untersuchung wird mittels der

multiplen Regressionsanalyse ein statistisches Schätzmodell
entwickelt, das neben Immissionsdaten Einflußvariablen wie
Lebensalter, Geschlechterverteilung, Rassenzugehörigkeit,
Bevölkerungsdichte, Einkommensverteilung, Berufsstruktur u.
ä. einbezieht, wovon lediglich die drei zuerst genannten
Variablen personenbezogen ausgewertet werden konnten. Die
Berechnung der Schätzparameter unterscheidet überdies nach
der jeweiligen Todesursache. LAVE und SESKIN ermitteln
einen Elastizitätskoeffizienten von 0,05, d. h. bei einem
Rückgang der Immissionsbelastung (Sulfate) um 10 % wird
eine Verringerung der Mortalitätsrate um 0,5 % erwartet.
Unterstellt wird, daß dieser Wert auch für die Morbiditäts-
fälle Gültigkeit besitzt. Darauf aufbauend werden im Rahmen
der OECD-Studie die jährlichen Behandlungskosten infolge
von Luftverunreinigungen berechnet.

Die Arbeit von LEU, GYSIN, FREY und SCHMASSMANN, die neben
den Morbiditätsfällen auch die vorzeitigen Todesfälle zum
Gegenstand hat, basiert ebenfalls auf der Arbeit von LAVE
und SESKIN aus dem Jahre 1977. Die verlorenen Lebensjahre
werden mittels der Humankapitalmethode ökonomisch bewertet.
Bei dieser Methode wird der Gegenwartswert entgangener
Arbeitsleistungen infolge von Krankheit berechnet. In bezug
auf die Folgekosten durch Morbidität wird die Untersuchung
von OSTRO aus dem Jahre 1983 (32) zugrundegelegt, wobei lediglich die indirekten Kosten (verlorene Arbeitstage) Berücksichtigung finden. Hinsichtlich der Behandlungskosten
unterstellen LEU et al., daß die durch Verbesserung der
Luftqualität erzielbaren Kosteneinsparungen durch Kosten-
steigerungen aufgrund der Verlängerung der Lebenserwartung
wieder zunichte gemacht werden. In OSTROS Regressionsmodell
werden nicht nur zahlreiche soziodemographische Merkmale,
wie Lebensalter, Geschlecht, Familienstand, Einkommen und
Beruf berücksichtigt, sondern auch solche Einflußfaktoren,
die in den bisherigen Untersuchungen mangels geeigneter Daten außer Betracht blieben. Hierzu zählen das Raucherverhalten, chronische Vorerkrankungen und das Klima.
Die Auswertung dieser Variablen erfolgt größtenteils

personenbezogen. Allerdings untersucht OSTRO die Morbiditätsdaten, nämlich die Häufigkeit und Dauer von Arbeitsunfähigkeitsfällen, lediglich für einen Betrachterzeitraum von zwei Wochen. Des weiteren wird nicht auf einzelne Krankheitsarten abgestellt. Den Berechnungen liegen mehrere statistische Schätzmodelle zugrunde. Einem linearen Regressionsmodell infolge steigt die Wahrscheinlichkeit eines Arbeitsunfähigkeitsfalls ("probability of a work loss day") um den Wert $0{,}177 \cdot 10^{-2}$, wenn die Staubbelastung ("particulates") um eine Schadstoffeinheit zunimmt. Der Elastizitätskoeffizient in bezug auf diese Schadstoffgruppe ist mit 0,57 überraschend hoch. Andererseits ergibt sich aus OSTROS Berechnungen, daß sich die Luftbelastung nur geringfügig auf die Arbeitsunfähigkeitsdauer ("number of work loss days") auswirkt. LEU et al. berücksichtigen daher nur die Häufigkeit des Auftretens von Arbeitsunfähigkeitsfällen und berechnen auf der Grundlage der Ergebnisse von OSTRO für die Schweiz die Kosteneinsparpotentiale bei völliger Elimination der energiebedingten Luftverunreinigungen. Darüber hinaus nehmen sie auch eine Kostenschätzung mittels der sog. Zahlungsbereitschaftsanalyse vor. In Anlehnung an CROPPER, 1981 (4) multiplizieren sie die geschätzten Arbeitsausfallkosten mit dem Faktor 2 unter der Annahme, daß "die Zahlungsbereitschaft für die Vermeidung von Krankheitstagen etwa doppelt so hoch ist wie der über den Humankapitalansatz ermittelte Wert".

Gegenstand der Arbeit von MARBURGER sind die immissionsbedingten Folgekosten durch Morbidität und Mortalität in der Bundesrepulik Deutschland. Unter Heranziehung der Gesundheitsausgabenstatistik sowie auf der Grundlage der Untersuchungen von RIDKER aus dem Jahre 1967 (33) und LAVE und SESKIN (19) aus dem Jahre 1970 werden sowohl die direkten Gesundheitskosten (Behandlungsausgaben) als auch die indirekten (Arbeitsunfähigkeit, Frühinvalidität, vorzeitige Todesfälle) für das Bundesgebiet hochgerechnet. Bei der Untersuchung von RIDKER handelt es sich um einen der ersten Versuche, die immissionsbedingten Gesundheitskosten für die

USA zu schätzen. Sie basiert notwendigerweise noch auf relativ einfachen Prämissen über die gesundheitliche Bedeutung von Luftverunreinigungen. Die Mortalitätsunterschiede zwischen städtischen und ländlichen Arealen werden auf 20 % beziffert. Dabei wird Bezug genommen auf eine altersbereinigte Auswertung von Mortalitätsstatistiken in den USA aus dem Jahre 1949. Die Studie von LAVE und SESKIN aus dem Jahre 1970 analysiert räumliche Unterschiede in den Mortalitätsraten und verwendet hierzu ein einfaches lineares Regressionsmodell. Ausgewertet werden Statistiken in den USA u. a. zur Altersstruktur, Einkommensverteilung und Rassenzugehörigkeit. Den Berechnungen zufolge liegt der Elastizitätskoeffizient in bezug auf die erfaßten Luftschadstoffe (Schwebstaub, Sulfate) im Durchschnitt bei 0,09. Die Autoren ziehen jedoch für ihre Kostenschätzungen die Ergebnisse einer Literaturanalyse heran, wonach je nach Krankheitsart (Bronchitits, Lungenkrebs, Herzerkrankungen) die Elastizitätskoeffizienten zwischen 0,2 und 1,0 schwanken. Für die Unterschiede der Mortalitätsraten speziell für Bronchitits wird der Wert 0,5 als Unter- bzw. 1,0 als Obergrenze angesetzt. Bei Reduzierung der Schadstoffemisionen von 50 % ergibt sich daraus eine Verringerung der Mortalitätsrate (Bronchitis) von zwischen 25 und 50 %. MARBURGER verwendet zur Abschätzung der volkswirtschaftlichen Kosten infolge von Mobidität und Mortalität für alle Atemwegserkrankungen hiervon den oberen Wert.

Die für die Bundesrepublik Deutschland von MARBURGER vorgelegten Kostenschätzungen fußen somit auf zeitlich weit zurückliegenden Untersuchungen aus den USA. Wie erwähnt, haben in den zurückliegenden Jahren vor allem LAVE, SESKIN und OSTRO ihre Arbeiten auf verbesserte methodische und datenmäßige Grundlagen gestellt. Vor allen Dingen berücksichtigen sie in ihrer statistischen Analyse zahlreiche Einflußfaktoren, die die Wirkungen von Luftschadstoffen auf die Gesundheit überlagern. Die Ergebnisse beziehen sich allerdings auf die Verhältnisse in den USA, so daß festzuhalten ist, daß gegenwärtig noch keine Kostenschätzungen vorliegen, die auf die besondere Umweltsituation in der Bundesrepublik abheben.

2.2 Medizinische Wirkungsforschung

Im folgenden ist zu prüfen, inwieweit die in der umweltbezogenen Wirkungsforschung häufig verwendeten Ergebnisse aus epidemiologischen Untersuchungen für die vorliegende Fragestellung eignen bzw. ob diese zumindestens Anhaltspunkte für die in luftverunreinigten Gebieten der Bundesrepublik zusätzlich auftretenden Gesundheitseffekte geben. Hier können natürlich nur einige Beispiele herausgegriffen werden. Eingegangen wird auf die human-medizinischen Wirkungskataster in den nordrhein-westfälischen Luftreinhalteplänen, auf Untersuchungen des Krankheitsgeschehens im Verlauf von Smogperioden sowie auf Krebsstudien bzw. Krebsregister.

Human-medizinische Wirkungskataster in den nordrhein-westfälischen Luftreinhalteplänen

Aufgrund des in der Bundesrepublik Deutschland 1974 verabschiedeten Bundesimmissionsschutzgesetzes wurden in NRW fünf Belastungsgebiete (Rheinschiene Süd, Rheinschiene Mitte, Ruhrgebiet West, Ruhrgebiet Mitte und Ruhrgebiet Ost) ausgewiesen. Seit 1976 werden turnusmäßig Erhebungen über die Wirkung von Luftverunreinigungen auf Menschen in Belastungsgebieten und in entsprechenden niedriger belasteten Vergleichsarealen durchgeführt ((23) bis (30)). Das human-medizinische Wirkungskataster dient der Darstellung von Untersuchungsergebnissen an Menschen über Zusammenhänge zwischen festgestellten Befunden und Luftverunreinigungen (8). Ziel ist es, herauszufinden, ob zwischen Belastungsarealen und "Reinluftgebieten" statistisch signifi-

kante Unterschiede bestehen. Im Anschluß hieran kann unter
Heranziehung von Emissions- und Immissionskataster eine
Verursacheranalyse vorgenommen werden. Es werden jeweils
geographisch eng beieinanderliegende Gebiete so ausgewählt,
daß ein Fall-Kontroll-Vergleich mit zwei oder mehreren
Populationen mit unterschiedlichem Luftverunreinigungs-
gradgefälle möglich ist. Im Rahmen der Untersuchungen werden interne Schadstoffbelastungen des Menschen (z.B.
Bleikonzentrationen im Blut) ermittelt, Funktionsproben und
klinische Prüfungen (Parameter ohne direkten Krankheitswert, die aber eine Belastung des Organismus kennzeichnen,
z.B. C3-Konzentrationen im Serum) vorgenommen und Krankheitszustände (z.B. chronische Bronchitis) sowie das
Allgemeinbefinden abgefragt. Zur Bewertung von
Immissionseinflüssen auf den menschlichen Gesundheitszustand dienen statistische Analyseverfahren (multiple
lineare Regressionsanalyse). Dabei werden sog. Störvariablen schrittweise in das Modell eingebaut, d. h. es wird
überprüft, ob der Luftverunreinigungsindex auch nach Einbeziehung aller Fremdeinflüsse noch einen signifikanten Einfluß auf die Zielvariable hat. Beim Vorhandensein von Wechselwirkungen zwischen Stör- und Einflußvariablen werden
entsprechende Untergruppen gebildet. (Im Fall von binären
Zielvariablen wird die logistische Regressionsanalyse verwendet).

Hinsichtlich der Resultate der Auswertungen im Rahmen der
Wirkungskataster muß festgestellt werden, daß in der
überwiegenden Zahl der Fälle keine signifikanten Areal-
unterschiede nachgewiesen werden konnten. Dennoch können
aus den Untersuchungsergebnissen ernstzunehmende Hinweise
auf langfristige Effekte der Luftverschmutzung auf Atemwegserkrankungen abgeleitet werden. Beispielhaft erwähnt
seien die Resultate des Wirkungskatasters Luftreinhalteplan
Ruhrgebiet - Mitte II aus dem Jahre 1987. Als Zielgruppen
wurden erfaßt:

- 55jährige Frauen (2000 Probanden)
- 6jährige Kinder (3239 Probanden).

Die Erhebung bei den Kindern erfolgte im Rahmen der Schuleingangsuntersuchung, wodurch eine außergewöhnlich gute Responserate von 93 % erreicht werden konnte; bei den Frauen betrug sie 67 %. Belastungsgebiete waren Teile der Städte Bottrop, Essen, Gelsenkirchen und Herne, Vergleichsgebiete Borken und Dülmen. Bei den Kindern konnte für die Erkrankungsparameter "jemals ärztlich diagnostizierte Nasennebenhöhlenentzündung" und "Auffälliger Anhusteversuch" ein signifikanter Zusammenhang mit der Schwefeldioxidkonzentration nachgewiesen werden. Bei den Frauen treten signifikante Unterschiede zwischen dem Belastungsgebiet und den jeweils genannten Vergleichsgebieten auf, und zwar für die Parameter: "Chronische Bronchitis nach Arztdiagnose" (Vergleichsgebiet Borken), "Nasennebenhöhlenentzündung" (Vergleichsgebiet Dülmen), "Auffälliger Anhusteversuch" (beide Vergleichsgebiete). Für die genannten Parameter und zusätzlich "Erkältungshäufigkeit in den letzten 12 Monaten" konnte ein signifikanter Zusammenhang zur Schwefeldioxidkonzentration am Wohnort gefunden werden.

Eine direkte Verwendung der Resultate der Wirkungskataster für die ökonomische Bewertung kommt jedoch vor allem aus den im folgenden dargelegten Gründen nicht in Frage: Die Responserate, d. h. das Verhältnis der Zahl der aufgeforderten und erschienenen Probanden zu der angeschriebenen, war überwiegend unbefriedigend. Allerdings weisen die neueren Luftreinhaltepläne (30) durch veränderte Erhebungsverfahren verbesserte Werte auf. Die Zahl der untersuchten Probanden mußte aus Kostengründen relativ gering bleiben, so daß bei Einbezug einer großen Zahl von Störvariablen in das Modell keine signifikanten Ergebnisse mehr erwartet werden können. Auch die große Zahl der Zielvariablen (64 in den Untersuchungen für den Luftreinhalteplan Ruhrgebiet West II) kann kaum mehr angemessen analytisch-statistisch bewertet werden (18). Hinzu kommt, daß für die ökonomische

Bewertung sinnvollerweise nur eindeutig definierte Krankheitszustände herangezogen werden können. Ein Problem ist hierbei, daß die meisten Erkrankungen nur über einen Fragebogen erfaßt werden und es sich somit nicht um eine direkte ärztliche Diagnose handelt. Über klinische Prüfungen lassen sich zwar quantitativ exakt meßbare Parameter zur Feststellung von Erkrankungen bestimmen, allerdings sind auf diese Art nur besonders schwerwiegende chronische oder akute Erkrankungen erfaßbar.

Ein weiteres Problem ist in der Übertragbarkeit der in derartigen Untersuchungen gewonnenen Ergebnisse zu sehen. Die Untersuchungsräume sind meist sehr klein und damit durch eine sehr spezifische Belastungssituation gekennzeichnet. Die so gewonnenen Ergebnisse sind daher nicht repräsentativ für großräumige Belastungsgebiete. Darüber hinaus beschränken sich die Untersuchungen auf bestimmte Altersgruppen (Kinder im Alter von 5 - 10 Jahren und Erwachsene im beginnenden Rentenalter), die als Risikogruppen gelten. Auch hier ist eine direkte Übertragung der Ergebnisse auf größere Bevölkerungseinheiten nicht möglich.

Smoguntersuchungen

Untersuchungen zur Übersterblichkeit während Smogperioden haben schon eine lange Tradition (5). Die Ergebnisse der Studien weisen auf einen Einfluß extremer Luftverschmutzungssituationen auf die Mortalitätsraten hin und lassen somit auch Einflüsse auf die Morbidität erwarten.

Im Rahmen einer Untersuchung zur Smogperiode vom 01.01. bis 15.02.1985 wurden neben der Mortalität auch Morbiditätsdaten untersucht (38). Belastungsgebiete waren das östliche und westliche Ruhrgebiet sowie die Städte Köln und Düsseldorf; Vergleichsgebiete ländliche Räume im Süden und Osten von Nordrhein-Westfalen. Die Ergebnisse dieser Studie lassen sich kurz folgendermaßen zusammenfassen: Stationäre

Aufnahmen und ambulante Behandlungen in Krankenhäusern sowie Krankentransporte liegen in der Smogwoche im Belastungsgebiet über dem Durchschnitt der anderen Wochen, im Vergleichsgebiet bleiben sie demgegenüber konstant. Bei den Arztkontakten ist kein Zusammenhang mit der Smogperiode festzustellen. Hinweise auf einen Einfluß extremer Belastungssituationen auf die Gesundheit sind somit gegeben. Allerdings wird auf die Schwierigkeiten einer ursächlichen Interpretation hingewiesen. An möglichen Ursachen hierfür werden genannt (vgl. 38):

- Unvollständigkeit der Daten
- unterschiedliche Validität der Diagnosen
- unberücksichtigte meteorologische Einflüsse
- fehlende Innenraummessungen
- psychogene Auswirkungen des Smogalarms
- Kalendereffekte.

Bezüglich der Verwendbarkeit der Ergebnisse von Smoguntersuchungen für die ökonomische Bewertung läßt sich feststellen: Untersuchungsziel ist die Feststellung von gesundheitlichen Auswirkungen nur sehr selten auftretender extremer Luftverschmutzungssituationen. Daher ist es nicht möglich, die hierbei festgestellten Werte auf die durchschnittliche Luftverschmutzungssituation in den Belastungsgebieten zu übertragen, zumal die komplexen Wirkungen der Luftverschmutzung keine einfachen Verhältnisrechnungen zulassen. Im günstigsten Fall können derartige Untersuchungen eine "Obergrenze" für mögliche Auswirkungen liefern.

Krebsstudien und Krebsregister

Krebs ist die zweithäufigste Todesursache in der Bundesrepublik Deutschland; so daß der Krebsursachenforschung eine große Bedeutung zukommmt (36). Relativ zahlreich sind die Untersuchungen zur Krebsmortalität, die sich auf Daten der Todesursachenstatistik (beruhend auf den

Todesbescheinigungen) stützen. Ein Teil dieser Studien enthält eine - für die vorliegende Zielsetzung notwendige - regionalisierte Darstellung der Mortalitätsraten. Allerdings geht zumeist die räumliche Auflösung nur bis auf die Ebene der Kreise und kreisfreien Städte hinunter. Ein weiterer Nachteil dieses Datenmaterials ist darin zu sehen, daß Störgrößen nicht hinreichend erfaßt werden, um auf dieser Grundlage den Einfluß von Einzelfaktoren zu belegen (1). Schließlich werden verschiedentlich Zweifel an der Validität der Todesursachenstatistik geäußert. Diesbezügliche Studien kommen zu dem Ergebnis, daß je nach Erkrankung bis zu 80 % fehlerhafte Diagnosen auftreten können (15).

Die genannten Probleme legen es nahe, nach anderen Datenquellen für die Krebsursachenforschung zu suchen. Hier bieten sich die Krebsregister an. Die Datenlage ist insbesondere bei den epidemiologischen Krebsregistern als relativ gut einzuschätzen, eingeschränkt durch ihre allerdings sehr beschränkte räumliche Verfügbarkeit. Krebserkrankungen - insbesondere Lungen- und Bronchialkrebs - machen allerdings nur einen kleinen Teil des untersuchungsrelevanten Krankheitenspektrums aus, auch wenn die mit diesen Erkrankungen verbundene Kosten sicherlich erheblich sind. Ausschlaggebend dafür, daß hier auf eine Auswertung der Daten der epidemiologischen Krebsregister verzichtet werden soll, ist, daß - neben den bereits angeführten Gründen - die Auswertung mit einem erheblichen Zeitaufwand verbunden wäre, und daß über die Daten der Sozialversicherungsträger ebenfalls diese Erkrankungen mit erfaßt werden können, wenn auch Abstriche hinsichtlich der Quantität und Qualität der erfaßten persönlichen Merkmale gemacht werden müssen.

Zusammenfassung

Obwohl die erörterten Studien ernstzunehmende Hinweise darauf liefern, daß Unterschiede in der Erkankungshäufigkeit bestehen, muß zusammenfassend festgestellt werden, daß bislang keine als Mengengerüst für die ökonomische Bewertung geeigneten Resultate vorliegen. Die Probandenzahl ist meist sehr klein und die Responseraten sind häufig zu gering. Die Ergebnisse sind teilweise widersprüchlich und von niedriger statistischer Signifikanz.

Das Hauptproblem ist jedoch in den differierenden Zielsetzungen zu sehen. Im Vordergrund aller genannten Untersuchungen steht das Aufdecken von signifikanten regionalen Unterschieden im Auftreten oft ganz spezieller Erkrankungen oder von Symptomen ohne unmittelbaren Krankheitswert, wobei die Quantifizierung dieses Unterschiedes als zweitrangig angesehen wird. Dies rechtfertigt sowohl die Beschränkung der Untersuchungen auf bestimmte - besonders anfällige - Personengruppen (Risikogruppen) wie beispielsweise ältere Menschen und Kinder, als auch die Betrachtung von - auch für Belastungsgebiete - extremen Luftverschmutzungssituationen, wie sie während Smoperioden oder auch bei großer räumlicher Nähe zum Emittenten gegeben sind.

Für die vorliegende Fragestellung sind dagegen Durchschnittswerte von Bedeutung, die wiedergegeben, wie sich über einen längeren Zeitraum (zumindest ein Jahr) Unterschiede in der Belastungssituation auf die Erkrankungshäufigkeit aller im Zusammenhang mit der Luftverschmutzung stehenden Erkrankungen eines repräsentativen Querschnitts der Bevölkerung auswirken. Neben der Häufigkeit ist für die ökonomische Bewertung die Schwere der Erkrankung, die insbesondere über die Dauer wiedergegeben werden kann, von zentraler Bedeutung. Hierzu liegen im Rahmen der epidemiologischen Untersuchungen so gut wie keine verwertbaren Untersuchungsergebnisse vor.

3. KONZEPT UND DATENGRUNDLAGEN DER UNTERSUCHUNG

3.1 Untersuchungskonzept

Aus den dargestellten Gründen sollen die Ergebnisse der medizinisch-epidemiologischen Untersuchungen nicht als Mengengerüst für die ökonomische Bewertung von Gesundheitsschäden verwendet werden. Stattdessen werden im folgenden die Datenbestände der gesetzlichen Krankenversicherungen herangezogen. Krankenkassendaten als Grundlage von Gesundheitsstudien sind zwar mit einer Reihe von Unsicherheiten hinsichtlich Validität und Repräsentativität behaftet, ihr Vorteil besteht jedoch darin, daß sie die Analyse regionaler Unterschiede im Krankenstand sehr großer Populationen ermöglichen. Das Dokumentationssystem der Krankenkassen enthält Daten, auf die im Hinblick auf das gestellte Untersuchungsthema unmittelbar aufgebaut werden kann. Angaben über die Häufigkeit und Dauer von ärztlichen Behandlungsfällen - als die entscheidenden Kosteneinflußgrößen im Gesundheitswesen - werden nach Krankheitsarten, räumlichen Untergliederungen sowie soziodemgraphischen Merkmalen routinemäßig erfaßt und fortlaufend aktualisiert.

In Anbetracht der großen Datenmenge, die es auszuwerten gilt, werden für die vorliegende Untersuchung Teilgebiete im Einzugsbereich eines überregionalen Krankenkassenverbandes ausgewählt. Die Auswertung der Daten verfolgt zunächst das Ziel, das Krankheitsgeschehen in seinen soziodemographischen und räumlichen Ausprägungen zu beschreiben. Erste Hinweise auf mögliche Zusammenhänge zwischen den einzelnen Variablen werden dann im zweiten

Schritt mittels mathematisch-statistischen Analyseverfahren
(multiple Regression, Schichtenanalyse) einer näheren Überprüfung unterzogen.

Als Untersuchungshypothese dient die Annahme, daß bestimmte
Bevölkerungsgruppen (z. B. ältere Menchen mit geringem
sozialen Status) in luftverunreinigten Gebieten häufiger
und länger unter Atemwegs- sowie Herz- und Kreislauferkrankungen leiden. Die schichtenspezifische Datenauswertung ist
von besonderem Vorteil, da eine Reihe bedeutsamer Einflußfaktoren, die gewöhnlich die gesundheitlichen Auswirkungen
von Luftverunreinigungen überlagern (sog. Störvariablen),
in der Analyse berücksichtigt werden können.

Zur Überprüfung der Untersuchungshypothesen wird mit Hilfe
statistischer Testverfahren (χ^2 - und t-Test) festgestellt,
ob innerhalb der durch die Störvariablen definierten
Schichten signifikante Unterschiede zwischen Belastungs-
und Vergleichsgebiet bestehen. Im Anschluß hieran werden
statistische Schätzgrößen über die gebietsspezifische
Erkrankungshäufigkeit und -dauer sowie die zugehörigen
Konfidenzintervalle berechnet. Zur Absicherung der erhalte-
nen Schätzergebnisse dienen spezielle Plausibilitätsuntersuchungen. Zum einen werden Veränderungen des
Krankheitsgeschehens mit der Entwicklung der Immisssi-
onssituation im Untersuchungsgebiet für den Zeitraum 1981
bis 1985 sowie in der Smogepisode im Jahre 1985 kon-
frontiert. Zum anderen wird geprüft, inwieweit die vielfach
vertretende These, wonach insbesondere chronische Erkrankungen im Einwirkungsbereich von Luftverunreinigungen gehäuft auftreten, durch die Ergebnisse der Datenanalyse gestützt wird.

Grundlage der ökonomischen Bewertung von Gesundheitsschäden
ist ein Mengengerüst, das aus statistischen Schätzgrößen
(Punkt- bzw. Intervall-Schätzwerte) für die Krankheitsgruppen Atemwegs- sowie Herz- und Kreislauferkrankungen besteht. Berechnungsbasis für die Kostenermittlung sind die

Differenzen der Häufigkeit und Dauer von Arbeitsunfähigkeitsfällen im gewählten Immissions- und Vergleichsgebiet.
Hieraus errechnen sich die im Immissionsgebiet zusätzlich
auftretenden Arbeitsunfähigkeitstage. Diese werden multipliziert mit den durchschnittlichen Aufwendungen für die
ambulante bzw. stationäre Behandlung sowie für Lohnfortzahlungen (einschließlich Krankengeld). Hieraus errrechnen
sich - unter Angabe von Unter- und Obergrenzen - die im Immissionsgebiet zusätzlich anfallenden Krankheitsfolgekosten.

Im folgenden ist zunächst auf die für die Erstellung des
Mengengerüstes zu berücksichtigenden Modellvariablen näher
einzugehen. Geprüft wird, welche Daten im einzelnen verwendet werden und unter welchen Voraussetzungen sie eine Aussage über die Bedeutung der Luftverunreinigung für das
Krankheitsgeschehen im betrachteten Untersuchungsraum zulassen. Im Idealfall sind alle Größen zu berücksichtigen,
die neben der Luftbelastung einen Einfluß auf die Gesundheit haben können. Eine eindeutige Aussage zur gesundheitlichen Bedeutung von Luftverunreinigungen ist nur bei weitgehender Berücksichtigung solcher Einflußfaktoren möglich.
Wie zu zeigen sein wird, können sie nur zum Teil im statistischen Modell berücksichtigt werden.

3.2   Modellvariablen der Datenanalyse

In Anlehnung an die bei denen im Rahmen der nordrhein-
westfälischen Luftreinhaltepläne ((23)-(30)) durchgeführten
Wirkungsuntersuchungen verwendete Terminologie sollen die
Modellvariablen wie folgt unterschieden werden:

-   Zielvariablen: Es handelt sich hierbei um Variablen
    (Gesundheitsindikatoren), von denen vermutet wird, daß
    ein Zusammenhang zur Luftverschmutzung besteht.

- Einflußvariablen: Hierzu zählen die Größen, die als Index oder in Form von Meßwerten die Luftbelastung in das Modell einbringen.

- Störvariablen: Neben der Luftbelastung gibt es eine Vielzahl von weiteren Parametern, die die Erkankungssituation beeinflussen. Diese werden als Störvariablen bezeichnet.

- Ausschlußvariablen: Für einen Teil der Störvariablen sind die Auswirkungen auf die Zielvariablen nur schwer abzuschätzen. Eine Lösungsmöglichkeit, zu gesicherten Aussagen zu kommen, besteht darin, Personen, die gewisse Merkmalsausprägungen aufweisen, von vornherein von der Untersuchung auszuschließen.

Die **Zielvariablen** müssen sich eng an der vorliegenden Fragestellung orientieren. Im Modellansatz soll neben der Erkrankungshäufigkeit auch die Erkrankungsdauer miteinbezogen werden. Da sämtliche Störvariablen personenbezogen vorliegen, sind auch das Auftreten der Erkrankung und ihre Dauer auf das einzelne Individuum zu beziehen. Als Zielvariablen werden somit definiert:

a. Erkrankung im Betrachtungszeitraum eingetreten (ja/nein)

b. Erkrankungstage im Betrachtungszeitraum.

Es wird von der Hypothese ausgegangen, daß Erkrankungen im Belastungsgebiet sowohl häufiger sind als auch länger andauern. Beide Zielvariablen sollen in das ökonomische Rechenmodell gleichwertig als Kosteneinflußgrößen eingehen.Da die Schadstoffmeßwerte als die entscheidenden **Einflußvariablen** für die Vergleichsgebiete nicht durchgängig vorhanden sind bzw. aufgrund der unterschiedlichen Erhebungs- und Berechnungsverfahren nur bedingt mit denen in den Belastungsgebieten vergleichbar sind, erscheint es nicht sinnvoll, sie direkt in das statistische Modell einfließen zu lassen. Ebenso erscheint die Bildung eines Indexes wegen fehlender Datengrundlagen in den Vergleichsregionen nicht praktikabel. Für das Modell soll daher nur zwischen "belasteten" und "nicht belasteten" Gebieten unterschieden werden. Zur Abgrenzung von Vergleichs- und Belastungsgebieten erfolgt eine Beschreibung der Immissions- und Klimasituation im Untersuchungsraum (vgl. Abschnitt 4).Auf dieser Grundlage werden die Gebiete als "belastet" oder "nicht belastet" klassifiziert. Darüber hinaus wird überprüft, ob die Luftverschmutzungssituation innerhalb der Gebiete homogen und die Klimasituation in den Gebieten vergleichbar ist.

Als Alternative zur hier gewählten Vorgehensweise bietet sich eine schadstoffspezifische Analyse an. Dies erscheint insbesondere im Hinblick auf gezielte Maßnahmen in der Luftreinhaltepolitik von Bedeutung zu sein. Wegen der zum großen Teil unvollständigen Immissionskartierungen in den Vergleichsgebieten wäre eine derartige Betrachtung nur innerhalb der Belastungsgebiete möglich. Da jedoch der Grad der Luftverunreinigung und ihre Zusammensetzung in den durch die Krankenkassendaten abgedeckten Belastungsregionen sehr homogen sind, erscheint eine derartige Analyse nur unter Einbeziehung weiterer Regionen durchführbar zu sein. Dies muß jedoch einer weiteren Studie vorbehalten bleiben.

Zur Frage der Berücksichtigung von **Stör- und Ausschlußvariablen** ist folgendes anzumerken:

Von Bedeutung sind vor allem persönliche Merkmale wie Alter und Geschlecht, die eine große Bedeutung für die Erkrankungshäufigkeit und die Erkrankungsdauer haben, aber auch bestimmend für das vorzufindende Krankheitsspektrum sind. Neben den unabhängig von der Luftverschmutzung vorhandenen geschlechts- und altersspezifischen Einflüssen ist zu erwarten, daß Risikogruppen, wie beispielsweise ältere Menschen, verstärkt unter verschmutzter Luft leiden. Diese Wirkungsverstärkung muß ebenfalls der Luftbelastung zugeschrieben werden. Um den genannten Aspekten gerecht zu werden, sind sowohl das Alter als auch das Geschlecht der Einzelpersonen unbedingt im Modell zu berücksichtigen.

Andere soziodemographische Variablen, wie beispielsweise Ausbildung, Stellung im Beruf und Einkommen haben keinen direkten Einfluß auf die Erkrankungssituation des Individiums. Es erscheint nicht zwingend zu sein, daß Arbeiter oder Personen mit niedrigem Einkommen eine größere Anfälligkeit gegenüber Erkrankungen zeigen. Zahlreiche Mortalitätsstudien haben dennoch Zusammenhänge zwischen dem Risiko, an bestimmten Erkrankungen vorzeitig zu sterben und sozialen Faktoren nachgewiesen. Keil und Backsmann (17) haben beispielsweise in Hannover hohe negative Korrelationen zwischen Schulbildung und Mortalität, insbesondere bei den Todesursachen "ischämische Herzkrankheiten", der "Hypertonie" und den "Infektionskrankheiten" beobachtet. Ist ein Einfluß vorhanden, so ist dieser nur indirekt zu interpretieren. Alle genannten Größen spiegeln eine Schichtenzugehörigkeit wider. Zwischen den sozialen Schichten sind Verhaltensunterschiede zu beobachten, wie Unterschiede in Ernährungsgewohnheiten oder im Rauchverhalten, die unabhängig von der Luftbelastung das Krankheitsbild beeinflussen. Darüber hinaus spielen eine Reihe weiterer Einflüsse eine Rolle, wie ungesunde Arbeits- und Wohnverhältnisse, die häufig gleichzeitig bei niedrigen sozialen Schichten vorzufinden sind. Unterschiede in den Lebensbedingungen werden in dem der Untersuchung zugrundegelegten Datenmaterial nur teilweise erfaßt. Um diesen Gesichtspunkten zumindest annähernd gerecht zu werden, sollen ausgewählte Variablen, die die Zugehörigkeit zu einer bestimmten sozialen Schicht wiedergeben, in der statistischen Auswertung berücksichtigt werden. Hierzu zählen das Jahreseinkommen, die Ausbildung und die Stellung im Beruf.

Als weitere persönliche Merkmale, die vermutlich die Erkrankungssituation des einzelnen Menschen beeinflussen, kommen beispielsweise chronische Erkrankungen, die die Widerstandskraft evtl. herabsetzen können, aber auch die körperliche Konstitution (z.B. Größe und Gewicht) infrage. Chronische Erkrankungen können im Rahmen der Auswertung der Krankenkassendaten berücksichtigt werden. Daten zur körperlichen Konstitution liegen dagegen bei den Sozialversicherungsträgern nicht vor.

Weiterhin sind das Rauchverhalten, das Ernährungsverhalten, die Streßbelastung, die Innenraumbelastung (abhängig von der Heizungsart und der Zahl der Raucher im Haushalt) und die berufliche Exposition (u. a. gegenüber Stäuben, Dämpfen und Gasen) zu nennen. Eine direkte Erfassung dieser Daten liegt bei den Sozialversicherungsträgern nicht vor, so daß ihre Bedeutung genau abzuwägen und ggf. zu untersuchen ist, ob eine indirekte Berücksichtigung über andere Variablen, die eine hohe Korrelation zu den Parametern der persönlichen Exposition aufweisen, möglich ist.

Das Rauchverhalten ist einer der wichtigsten Einflußfaktoren für die Entstehung von Lungenkrebs. 90 % aller an Lungenkrebs Erkrankten waren starke Raucher (1). Weiter erscheint es wahrscheinlich zu sein, daß auch ein großer Teil der übrigen Atemwegserkrankungen und auch der Herz- und Kreislauferkrankungen durch das Rauchen begünstigt wird. So stellt z. B. Herrmann (14) eine dominierende Bedeutung des Rauchens für die Entstehung der chronischen Bronchitis fest. Die der Studie zugrundegelegten Daten der Sozialversicherungsträger geben keine Auskunft über das Rauchverhalten der Versicherten. Da jedoch eine Modellvoraussetzung für die statistische Datenauswertung darin besteht, daß sich Belastungs- und Vergleichsgebiet hinsichtlich der nicht erfaßbaren Störgrößen nicht unterscheiden, muß eine indirekte Berücksichtigung des Rauchverhaltens erfolgen. In diesem Zusammenhang stellt sich die Frage, ob sich die Raucherquoten in den Untersuchungsgebieten auch

dann noch unterscheiden, wenn eine Schichtung nach den im
Modell berücksichtigten Störgrößen vorgenommen wird. Wäre
dies nicht der Fall, so könnte das Rauchverhalten indirekt
über diese Störgrößen erfaßt werden. Alter und Geschlecht
haben eine zentrale Bedeutung für das Rauchverhalten, wie
etwa Angaben zu Raucherquoten von 5 % bei Frauen über 80
Jahren und 70 % bei Männern zwischen 26 und 59 Jahren (35),
aber auch erhebliche Unterschiede in den Rauchintensitäten
(vgl. (3)), deutlich machen. Die soziodemographischen Parameter, wie beispielsweise die hier verwendeten Daten zur
Ausbildung, zur Stellung im Beruf und zum Einkommen zeigen
ebenfalls einen engen Zusammenhang mit dem Rauchverhalten
(vgl. (3), (7), (16)). Neben den bislang diskutierten
Größen werden in zahlreichen Untersuchungen wiederholt
regionale Unterschiede, wie zwischen Stadt und Land (z.B.
(37)), aber auch ein Nord-Süd-Gefälle innerhalb der
Bundesrepublik (2), beobachtet. Diesem Problem ist zu be-
gegnen, indem - wie in der vorliegenden Untersuchung - nur
Vergleiche innerhalb eng abgegrenzter Regionen durchgeführt
werden. Bezüglich der Gemeindegrößenklassen ergeben sich
deutliche Zäsuren bei 20 000 bzw. 100 000 Einwohnern (vgl.
(3), (7), (16)). Um diesen Einfluß zu minimieren, wurden
hier sowohl im Belastungs- als auch im Vergleichsgebiet -
mit einer Ausnahme (Gelsenkirchen) - nur Gemeinden berücksichtigt, deren Einwohnerzahlen in der mittleren Kategorie
zu finden sind. Zusammenfassend läßt sich feststellen, daß
sich das Rauchverhalten relativ gut durch die demographischen und die soziodemographischen Variablen abbil-
den läßt. Weiter konnte die Variabilität durch Einschränkung auf Gemeinden einer bestimmten Größe gesenkt
werden. Dennoch ist zu beachten, daß das Rauchverhalten
hierdurch natürlich nicht exakt erfaßt werden kann und per-
sonenbezogene Angaben oder schichtenspezifische Raucherquoten zur Verbesserung des Modellansatzes beitragen
könnten.

Auch das Ernährungsverhalten und eine mögliche vorhandene
Streßbelastung beeinflussen vermutlich das Krankheits-

geschehen. Zum Problem wird dies für die Untersuchung nur dann, wenn räumliche Unterschiede bestehen. Ähnlich wie beim Rauchverhalten weisen vermutlich auch diese beiden Parameter eine hohe Korrelation mit den demographischen und den soziodemographischen Größen auf, so daß sie so zumindest teilweise durch das Modell mit erfaßt werden können.

Zur Bedeutung der Innenraumbelastung ist anzumerken, daß der Mensch im Durchschnitt 70 - 90 % seiner Lebenszeit in Wohn- und Arbeitsräumen zubringt. Außer Schwefeldioxid können sämtliche Schadstoffe in Innenräumen erhöhte Werte aufweisen. Hinzu kommen weitere Stoffe, beispielsweise Formaldehyd und Halogenkohlenwasserstoffe, die in der Außenluft zum Teil eine geringere Bedeutung haben. Ein besonderes Problem in diesem Zusammenhang stellen Gasbrenner bzw. -herde aufgrund ihrer NO_2-Emissionen dar. Beispielsweise wurde bei Kindern aus Wohnungen mit Gasherden eine überdurchschnittliche Anfälligkeit für banale Atemwegsinfekte festgestellt (5). Zigarettenrauch führt zu einer hohen CO-Innenraumbelastung. Wegen fehlender Datengrundlagen ist eine direkte Berücksichtigung der Innenraumbelastung nicht möglich.

In bezug auf die berufliche Exposition sind in bestimmten Berufszweigen Schadstoffe in den unterschiedlichsten Konzentrationen und Zusammensetzungen anzutreffen, die vermutlich entsprechend verschiedenartige Wirkungen auf die menschliche Gesundheit haben. Da diese Gesundheitsrisiken nur über eine Vielzahl von Variablen erfaßt werden können, soll auf die Betrachtung von Personen, die einer beruflichen Exposition ausgesetzt sind, im Rahmen dieser Untersuchung verzichtet werden. Die Variable berufliche Exposition findet somit als **Ausschlußvariable** Verwendung. Auf weitere Ausschlußvariablen wird anhand des konkreten Datenmaterials im folgenden Abschnitt eingegangen. Dort wird auch genauer erläutert, in welcher Form die ausgewählten Variablen übernommen werden konnten.

Eine kritische Einschätzung des der Untersuchung zugrundgelegten Datenmaterials erfolgt in Abschnitt 7, wo auch weitere im Modell nicht direkt berücksichtigte Störgrößen (Einfluß der Betriebsgröße, Bedeutung von Zuzug und Abwanderung, Unterschiede im Verhalten etc.) diskutiert werden.

3.3 Erhebung und Aufbereitung des Datenmaterials

Wie erwähnt, ist die Auswertung von Krankenkassendaten in bezug auf regionale Unterschiede in der Häufigkeit und in der Dauer von Erkrankungen beabsichtigt. Nach einer eingehenden Analyse konnte festgestellt werden, daß sich das Datenmaterial der Allgemeinen Ortskrankenkassen für eine derartige Untersuchung am besten eignet. Gegenstand der Datenauswertung sind die Arbeitsunfähigkeits- einschließlich der Erkrankungsfälle, die einen Krankenhausaufenthalt zur Folge haben. Für den ausschließlich ambulanten Bereich (d. h. Erkrankungen, die nicht zur Arbeitsunfähigkeit geführt haben und nicht stationär behandelt wurden) liegt bislang noch kein geeignetes Datenmaterial vor.

Die Allgemeinen Ortskrankenkassen sind mit einem Mitgliederbestand von rd. 16 Mio. Personen der bedeutendste gesetzliche Krankenversicherungsträger in der Bundesrepublik Deutschland. Es existieren derzeit 57 AOK-Rechenzentren, die die Bundesrepublik flächenmäßig abdecken. Dabei sind zu unterscheiden:

- Zweckverbände, bei denen die Daten unterschiedlicher AOK's in einem Rechenzentrum zusammengeführt werden;

- Verbandsrechenzentren, die auf Landesverbandsebene organisiert sind und

- Autonome Kassen mit eigenem Rechenzentrum.

Der AOK-Verband Westfalen-Lippe in Nordrhein-Westfalen hat
sich dazu bereit erklärt, das untersuchungsrelevante
Datenmaterial für die Auswertungen zur Verfügung zu
stellen. Der Verband besitzt ein Rechenzentrum, das (mit
Ausnahme von 5 Kassen) den gesamten Bereich Westfalen-Lippe
abdeckt.

Die Datenanforderungen wurden zunächst präzisiert, indem
die interessierenden Variablen ausgewählt, der Untersuchungsraum abgegrenzt und der Betrachtungszeitraum
festgelegt wurden. Dieses Konzept ist mit Fachleuten des
AOK-Verbandes erörtert, auf seine Durchführbarkeit geprüft
und ggf. modifiziert worden. Innerhalb des Einzugsgebietes
des AOK-Verbandes wurden die Untersuchungsgebiete unter Berücksichtigung der Luftverschmutzungssituation und der klimatischen Bedingungen (vgl. Abb. 1 auf S. 26 Tab. 3 auf
S. 38) ausgewählt. Die Einflußgröße Luftbelastung wurde
hierbei auf Gemeindeebene ermittelt. Als Selektionsmerkmal
für die Versicherten wurde der Wohnort verwendet, der über
die Postleitzahl wiedergegeben wird. Um die Luftbelastung,
der der Versicherte ausgesetzt ist, exakter beschreiben zu
können, wurde auch der Arbeitsort mit erfaßt. Als Untersu-
chungszeitraum wurden die Jahre 1981 bis 1985 zugrundegelegt, wodurch eine Längsschnittanalyse möglich wird. Eine
Beschränkung auf die genannten Jahrgänge mußte erfolgen, da
Daten der vorangehenden Jahre nicht vollständig auf Daten-
trägern erfaßt sind. Darüber hinaus waren aus dem
umfangreichen Krankeitsartenspektrum die untersuchungsrelevanten Diagnosen anhand des ICD-Schlüssels (International
Code of Diseases) zu selektieren. Dies geschah in Absprache
mit einem medizinischen Sachverständigen (Prof. Dr. Einbrodt, Klinikum der RWTH Aachen). In Tabelle 1 sind die erfaßten Krankheitsarten beispielhaft wiedergegeben (Anhang 1
enthält die vollständige Liste). Zur besseren Erfassung des
Krankheitsgeschehens wurden bei den Multimorbiditätsfällen
(eine Person leidet unter mehreren Erkrankungen) auch alle
übrigen Diagnosen berücksichtigt.

ABBILDUNG 1 UNTERSUCHUNGSRAUM

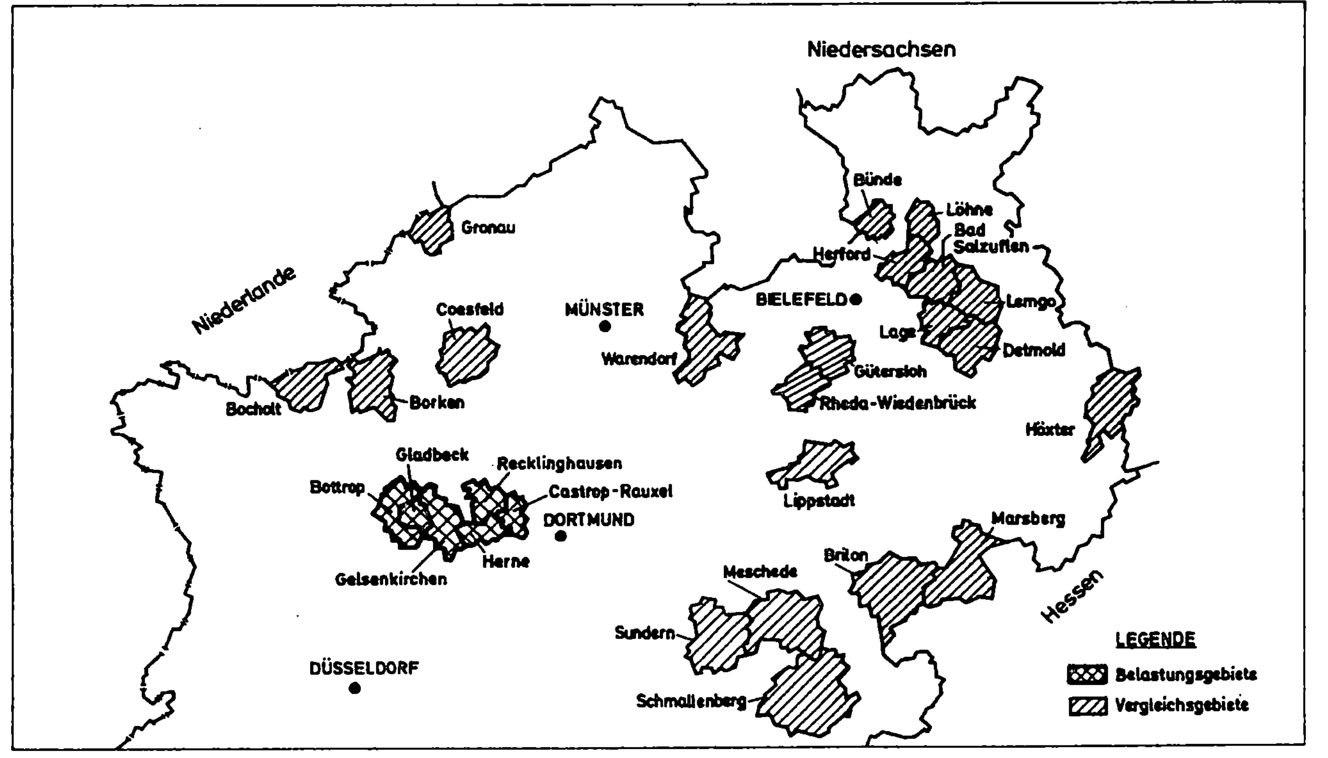

TABELLE 1 AUSGEWÄHLTE KRANKHEITSARTEN (BEISPIELE)

ICD-Nr.		Diagnosegruppen bzw. Diagnose
	a)	**Erkrankungen der Atmungsorgane**
160-165		**Bösartige Neubildungen der Atmungs- und intrathoraklen Organe**
		davon:
162		Bösartige Neubildungen der Luftröhre, Bronchien und Lunge
460-466		**Akute Infektionen der Atmungsorgane**
		davon:
460		Akute Rhinopharyngitis (Erkältung)
461		Akute Nebenhöhlenentzündung
462		Akute Rachenentzündung
463		Akute Mandelentzündung
464		Akute Laryngitis und Tracheitis
465		Akute Infektion der oberen Luftwege an mehreren oder n.n. bez. Stellen
466		Akute Bronchitis und Brochiolitis
	b)	**Herz- und Kreislauferkrankungen**
401-405		**Hypertonie und Hochdruckkrankheiten**
		davon:
401		Essentielle Hypertonie
402		Hypertensive Herzkrankheit
403		Renale Hypertonie
404		Hypertonie mit Herz- und Nierenkrankheiten
405		Sekundäre Hypertonie
410-414		**Ischämische Herzkrankheiten**
		davon:
410		Akuter Myokardinfarkt
411		Sonstige akute und subakute Formen von chronischen ischämischen Herzkrankheiten
412		Alter Myokardinfarkt
413		Angina pectoris
414		Sonstige Formen von chronischen ischämischen Herzkrankheiten

Quelle: Krankheitsartenstatistik, AOK-Bundesverband
Mai 1985. ICD-Systematik (9. Revision)

Alle Leistungsdaten der Krankenkassen (z. B. Dauer der Arbeitsunfähigkeit) werden nach Auskunft von Fachleuten der AOK relativ exakt erfaßt, da sich hieraus z. B. Krankengeldansprüche ableiten. Problematisch ist die Diagnose. Sie wird ausgehend von der Klartextdiagnose des Arztes von einem Sachbearbeiter der AOK verschlüsselt. Es findet keine hierarchische Abstufung der Diagnosen statt.

An demographischen Parametern werden Alter und Geschlecht erhoben. Weitere wichtige Störgrößen können dem Tätigkeitsschlüssel entnommen werden, der Angaben zur Ausbildung, Stellung im Beruf und Berufsklasse (berufliche Exposition) enthält. Er wird allerdings von Fachleuten der AOK als relativ unsicher eingestuft, da einmal getroffene Eintragungen selten akutalisiert werden.

Bei der Stellung im Beruf wurde daher zusätzlich der Beitragsgruppenschlüssel herangezogen, der u. a. Auskunft über den Rentenversicherungsträger gibt. Da die Beiträge von der Krankenversicherung an den jeweiligen Versicherungsträger weitergeleitet werden, ist diese Angabe als sehr zuverlässig anzusehen. Als weiterer soziodemographischer Parameter wird das jeweilige Jahresentgelt aus der Datenbank übernommen. Diese Eintragungen gelten bei der AOK als relativ gut gepflegt, da von ihnen die Beitragshöhe abhängt. Zusätzlich zu den Variablen, die im Modell berücksichtigt werden sollen, wurden zahlreiche Kontrollvariablen mit erhoben, die Plausibilitätsbetrachtungen zulassen und Möglichkeiten für Feinanalysen eröffnen.

An Versichertengruppen werden erfaßt und sind separat auszuwerten:

- Versicherungspflichtig Beschäftigte
- Rentner
- Arbeitslose
- Freiwillig Versicherte und
- Familienangehörige.

Im Rahmen eines Unterauftrags wurde von Angehörigen der Universität Bremen, die Erfahrungen mit dem Datenbanksystem der AOK aufwiesen, nach den Vorgaben der Projektbearbeiter ein Selektionsprogramm (Cobol) entwickelt, das die gewünschten Daten aus den Datenbanken abruft. Das umfangreiche anonymisierte Datenmaterial wurde im Hochschulrechenzentrum der Universität Dortmund weiter ausgewertet. Das Hauptziel der Aufbereitung war es, eine Datei zu erstellen, in der alle für die weiteren Auswertungen erforderlichen Daten eines Versicherten in einem Datensatz zusammengeführt vorliegen.

Für die spätere Kostenschätzung wird die Gruppe der versicherungspflichtig Beschäftigten ausgewählt. Die Auswertung der Daten erfolgt jahresweise. Um Verzerrungen der Ergebnisse zu vermeiden, waren Filter vorzusehen, die folgende Personengruppen eliminieren:

- Nicht ganzjährig versicherungspflichtig Beschäftigte;
- Ausländer
- Personen, deren Arbeitsort außerhalb der durch den Wohnort vorgegebenen Untersuchungs regionen liegt und
- Beruflich exponierte Personen

Zur Beurteilung der beruflichen Exposition bot sich der Berufsklassenschlüssel der Bundesanstalt für Arbeit an; die Auswahl der exponierten Berufsklassen wurde in Abstimmung mit Prof. Einbrodt (RWTH Aachen) vorgenommen. Tabelle 2 enthält beispielhaft exponierte und nicht exponierte Berufsgruppen.

TABELLE 2 BERUFSKLASSEN NACH BERUFLICHER EXPOSITION (BEISPIELE)

beruflich exponiert	nicht beruflich exponiert
Bergleute	Landwirte
Maschinen-, Elektro-, Schießhauer	Weinbauern
Erdöl-, Erdgasgewinner	Tierzüchter
Mineralaufbereiter, Mineralbrenner	Fischer
Edelsteinbearbeiter allgemein	Agraringenieure Landwirtschaftsberater
Brennsteinhersteller	Verwalter in der Landwirtschaft
Formsteinhersteller	Landarbeitskräfte
Töpfer, Keramiker	Melker
Glasmassehersteller	Mithelfende Familienangehörige in der Landwirtschaft
Hohlglasmacher	Tierpfleger
Flachglasmacher	Gärtner
Glasbläser (vor der Lampe)	Gartenarchitekten, -verwalter oder -bauberater
Glasbearbeiter, Glasveredler	Floristen, Blumenbinderhelfer
Chemiebetriebswerker	Forstverwalter, Förster, Jäger
Chemielaborwerker	Waldarbeiter, Waldnutzer
Gummihersteller, -verarbeiter	Handelsvertreter, Reisende
Vulkaniseure	Bankfachleute
Kunststoffverarbeiter	Wirtschaftprüfer, Steuerberater
Papier-, Zellstoffhersteller	Makler, Grundstücksverwalter

Für jeden Versicherten wurde ein Datensatz mit folgenden
Informationen erstellt:

(i) Persönliche Daten:

-      Wohnort unter Einschluß des Arbeitsortes
-      Alter
-      Geschlecht
-      Ausbildung (s. Anhang 2)
-      Stellung im Beruf (Arbeiter/Angestellter)
-      Jahresentgelt

(ii) Leistungsdaten:

-      Häufigkeit und Dauer der Arbeitsunfähigkeit bzw.
       des Krankenhausaufenthaltes in den Diagnosegruppen
       Atemwegserkrankungen und Herz- und Kreislauferkran-
       kungen.

Um die personenbezogenen Versichertendaten zu anonymi-
sieren, wurden die Versicherungsnummern mit Pseudozahlen
überschrieben.

Zur Verdeutlichung der Bedeutung des Anteils der versicherungspflichtig Beschäftigten an den AOK-Versicherten wird
im folgenden noch kurz auf die Zusammensetzung der Grundgesamtheit der AOK-Versicherten beispielhaft für das Jahr
1984 eingegangen. Danach verteilen sich die rund 440 000 im
Jahr 1984 ganzjährig, d.h. zu mindestens 90 % des Jahres
Versicherten, folgendermaßen auf die Versicherungsarten:

      6,4 % zur Zeit nicht versichert (z. B. Wehr-
               dienst- und Zivildienstleistende)
     33,1 % versicherungspflichtig Beschäftigte
      0,8 % sonstige versicherungspflichtige Personen
     27,7 % Rentenantragsteller und Rentenbezieher
      3,5 % Arbeitslose

4,8 % freiwillig Versicherte

0,1 % Rehabilitanden

20,0 % Familienangehörige

4,1 % sonstige.

In der Teilstichprobe der versicherungspflichtig Beschäftigten (rund 145 000 Versicherte) weisen die
Ausschlußvariablen folgende prozentuale Anteile auf:

28,4 % sind beruflich exponiert

27,7 % weisen einen Arbeitsort auf, der außerhalb der
Untersuchungsregion liegt

7,0 % sind Ausländer.

Insgesamt führt die Anwendung der Filtervariablen zu einer
Fallreduktion um etwa 50 %, und es verbleiben im Jahr 1984
für die Untersuchung letztlich 70 309 versicherungspflichtig Beschäftigte.

4. ABGRENZUNG DER UNTERSUCHUNGSGEBIETE

Der Untersuchungsraum ist durch den Einzugsbereich des AOK-
Verbandes Westfalen-Lippe vorgegeben (zur geographischen
Abgrenzung s. Abb. 1 auf S. 26). Innerhalb dieser Region
mußte eine Selektion von Gemeinden erfolgen. Die Auswahl
der Gemeinden erfolgte zum einen nach dem Grad der Luftverunreinigung (vgl. Abschnitt 4.1), zum anderen mußten die
Gemeinden bestimmten Anforderungen bzgl. der Bevölkerungs-
struktur und der räumlichen Ausdehnung genügen. Letzteres
zielt darauf ab, zu gewährleisten, daß die Gebiete - abge-
sehen von der Luftbelastung - insbesondere hinsichtlich der
nicht erfaßbaren Störgrößen möglichst ähnlich sind. In einem weiteren Teil dieses Abschnitts (4.2) werden die klimatischen und die bioklimatischen Bedingungen in den ausgewählten Regionen beschrieben.

4.1 Immissionssituation

Eine eingehende Analyse der Immissionssituation im Untersuchungsraum, die als Grundlage für eine Auswahl von stark
belasteten gegenüber wenig belasteten Gebieten dienen
könnte, ist aufgrund der Vielzahl der emittierten Stoffe
und den wenigen tatsächlich gemessenen nur zum Teil möglich.

Für die Charakterisierung der Luftverschmutzung in den
Gemeinden des Untersuchungsraums wurde versucht, Daten zu
Schwefeldioxid, Stickoxiden, Schwebstaub und Ozon zu erhalten, wobei zurückliegende Jahre sowie auch die neuesten Daten betrachtet wurden. Die Beschränkung auf die genannten
Stoffe ergibt sich aus der Relevanz hinsichtlich ihrer Wirkung auf die Gesundheit des Menschen sowie ihrer Verfügbarkeit aus vorliegenden Veröffentlichungen (s. Anhang 3).

Eine gute bzw. ausreichende Datenlage für eine große Anzahl von Luftinhaltsstoffen ist nur in den - teilweise zum Untersuchungsraum gehörenden - ausgewiesenen Belastungsgebieten "Ruhrgebiet-Mitte" und "Ruhrgebiet-Ost" gegeben. Hier werden nicht nur kontinuierlich messende Stationen betrieben (TEMES-Stationen), sondern auch flächendeckend diskontinuierliche Messungen sowie Immissionssimulationen von nicht großräumig auftretenden Stoffen durchgeführt.

Für Gebiete außerhalb der Belastungsgebiete liegen bedeutend weniger Meßdaten vor. Dabei unterscheiden sich die Meßprinzipien (kontinuierliche Messungen, Stichprobenmessungen), die Zeiträume, für die Messungen vorliegen (ein Monat, ein Jahr, mehrere Jahre) sowie die gemessenen Parameter. So sind streng genommen die Werte weder eines "Meß"-Jahres miteinander vergleichbar, noch die Werte verschiedener Jahre, die aufgrund unterschiedlicher meteorologischer Bedingungen (z. B. häufigen austauscharmen Wetterlagen) auch bei gleichbleibendem Meßprinzip starken Schwankungen unterworfen sein könnten. Daß die Werte dennoch verwendet werden - unter Berücksichtigung der o. g. Schwierigkeiten - liegt daran, daß es sonst gar keine Beurteilungsgrundlage gäbe.

Für viele Gemeinden des Vergleichsgebietes liegen keine quantitativen Daten vor, möglicherweise deshalb, weil hier die Luftbelastung so niedrig ist, daß keine Messungen angezeigt sind. Durch Informationsgespräche mit den Gewerbeaufsichtsämtern konnten jedoch einige grundlegende qualitative Aussagen über die Emissions- bzw. Immissionssituation gewonnen werden.

Die für die Studie ausgewählten Städte im Belastungsgebiet sind hinsichtlich der Luftverschmutzung mit SO_2, NO_2 und Schwebstaub sämtlich im mittleren bis hohen Belastungsbereich einzuordnen, so daß ihre Einstufung als stärker belastete Gebiete gerechtfertigt erscheint. Während die Belastung durch SO_2 und Schwebstaub ab der Mitte der 60iger

Jahre bis heute deutlich zurückgegangen ist, haben die NO_2-Werte in etwa die gleiche Größenordnung behalten (3., 4., 5., 6., 8.: Nummerierung bezieht sich auf Tabelle A3 im Anhang).

Schwieriger wird eine quantitative Einordnung der Vergleichsgebiete. SO_2-Immissionsdaten liegen auf Gemeinde-ebene nur für Borken (12.), Coesfeld (11.), Bad Salzuflen, Detmold, Gütersloh und Herford (9.) vor. Umfangreiches Datenmaterial existiert auf Kreisebene (5.). Die Meßwerte sprechen für eine geringe Belastung in den Gemeinden der ausgewählten Vergleichsgebiete. Nur der Meßwert für Borken (12.) ist im mittleren Belastungsbereich anzusiedeln, wobei zu beachten ist, daß hier aufgrund des verwendeten Stich-probenverfahrens möglicherweise mehrere Meßwerte der Smog-periode 1985 einbezogen wurden. Lediglich eine geringe Anzahl von Daten über die Belastungssituation bezüglich Stickstoffdioxid liegt für die Vergleichsgebiete vor. Coes-feld war im Jahr 1979 mit 0,02 mg m^{-3} nur gering belastet; die Werte für Borken (12.), Bad Salzuflen und Detmold (9.) lagen 1985 im mittleren bis unteren Bereich, ebenso Güters-loh und Herford (9.) im Vergleich zu den Vorjahren. Für Schwebstaub ergaben sich 1985 in den äußerst gering bela-steten Gebieten Nordrhein-Westfalens Werte zwischen 0.04 und 0.05 mg m^{-3} (4.). In den Städten, die als Vergleichs-gebiete herangezogen werden, schwanken die Werte zwischen 0.05 und 0.08 mg m^{-3} (9.) und (12.) und liegen damit etwas unter den Meßwerten für das Belastungsgebiet. Derartige Werte sind für Stadtgebiete durchaus normal. Selbst in kü-stennahen Städten Schleswig-Holsteins mit guten Austauschbedingungen wie Bargteheide, Schleswig oder Lübeck wurden 1984 für Schwebstaub Werte zwischen 0.04 und 0.06 mg m^{-3} angegeben. Zieht man nun noch Schadstoffwerte aus angrenzenden Regionen (2.) und die qualitativen Aussagen der Gewerbeaufsichtsämter hinzu, so erscheint die Abgren-zung der Vergleichsgebiete in Hinblick auf das Untersu-chungsziel plausibel zu sein.

Hinsichtlich des Ozons sei hier nur folgendes angemerkt:
Nach Fricke, 1983 (10) werden in den Mittelgebirgslagen die
höchsten Jahresmittelwerte gemessen. In den Ballungsgebie-
ten dagegen sind die Jahresmittelwerte niedriger, es werden
jedoch die höchsten Maxima erreicht. Diese Verhältnisse
finden sich auch in der Untersuchungsregion wieder, wobei
die Effekte der Ozonbelastung möglicherweise gegenläufig zu
denen der anderen Schadstoffe sind (4.) und (10.).

4.2 Klimatische und bioklimatische Situation

Im wesentlichen steht Deutschland unter dem Einfluß ma-
ritimer oder kontinentaler Luftmassen. Jedoch wird im
Durchschnitt der Südosten Deutschlands mehr von konti-
nentalen Luftmassen beeinflußt, der Nordwest- und Westteil
mehr von maritimen, so daß sich Abstufungen ergeben. Aufgrund dieser Unterschiede ist es möglich, Klimabereiche
abzuteilen, die wiederum in Klimabezirke untergliedert werden. Die Einteilung ist durch die großen Landschaftsformen
vorgegeben, die ihrerseits die Wettererscheinungen
modifizieren. Gebirge bilden Hindernisse für die Luftströ-
mungen, so daß Regionen mit Stau- und Föhneffekten entstehen, die sich bei den meisten Klimaelementen nachweisen
lassen. Weiterhin ergeben sich aufgrund der Höhenlage
Unterschiede, z. B. in der Lufttemperatur, der Luftfeuchte,
dem Niederschlag oder der Schneedecke. Für Becken- oder
Tallagen sind in den Herbst- und Wintermonaten Kaltluftan-
sammlungen mit den damit verbundenen Witte-
rungserscheinungen typisch; im Sommer zeichnen sich diese
Landschaften dagegen durch besonders starke Erwärmungen aus
(Deutscher Wetterdienst, 1960 (6)).

Nordrhein-Westfalen, das großräumig gesehen klimatisch zu
Nordwest-Deutschland gezählt wird (Ausnahme Höxter; Westli-
ches Mitteldeutschland), läßt sich in fünf Klimabezirke
aufteilen. In Tabelle 3 wurden die 27 ausgewählten Gemein-

den diesen Bezirken zugeordnet, wobei hauptsächlich drei Bezirke belegt wurden: Münsterland, Unteres Weserbergland und Sauerland. Die Gemeinde Bocholt gehört zum Niederrheinischen Tiefland, Höxter und Marsberg zum Oberen Weserbergland. Die klimatischen Bedingungen des Niederrheinischen Tieflandes sind jedoch durchaus vergleichbar mit denen des Münsterlandes. Im Oberen Weserbergland werden ähnliche Bedingungen angetroffen wie im Unteren Weserbergland. Beide Bezirke nehmen aufgrund ihrer Höhenlage eine Mittelstellung bezüglich Temperatur und Niederschlag zwischen Münsterland und Sauerland ein.

Vergleicht man einzelne Klimaparameter (mittlere Lufttemperatur, relative Feuchte, Nebelhäufigkeit, Sonnenscheindauer und Niederschläge), so ist das Bild relativ einheitlich. Um zu einer besseren Abschätzung der Bedeutung derKlimafaktoren für die menschliche Gesundheit zu gelangen, bietet sich hier eine bioklimatische Analyse der Untersuchungsregion an.

In der Bioklimatologie werden die klimatischen Bedingungen eines Raumes im Hinblick auf Wohlbefinden und Gesundheit eines Menschen in den sog. bioklimatischen Belastungs-, Schon- und Reizstufen bewertet. Durch stärkeres Hervortreten von Reizfaktoren sind reizstarke bzw. reizmäßige Regionen gekennzeichnet. Sie treten im Küstenbereich auf (thermische Reize durch erhöhte Werte der Abkühlungsgröße, besonders durch Wind; intensive Sonnen- und Himmelsstrahlung) oder in höheren Gebirgslagen (thermische Reize durch erhöhte Werte der Abkühlungsgröße, besonders durch niedrige Temperaturen; intensive Sonnen- und Himmelsstrahlung; verminderter Luftdruck und Sauerstoffanteil). Für die ausgewählten Gemeinden sind diese jedoch nicht relevant.

TABELLE 3 ABGRENZUNG DER UNTERSUCHUNGSREGIONEN UNTER BERÜCKSICHTIGUNG DER BIOKLIMATIOSCHEN SITUATION

Untersuchungsregion	Gemeinde	Bioklimatische Belastung1)
Belastungsgebiet	Bottrop	belastender
	Recklinghausen	Verdichtungsraum
	Gladbeck	
	Castrop-Rauxel	
	Gelsenkirchen	
	Herne	
Vergleichsgebiet 1	Bocholt	schonend (insb. günstig
	Borken	für Herz- und Kreislauf-
	Gronau	erkrankungen)
	Coesfeld	
	Bad Salzuflen	
	Lemgo	
	Detmold	
	Bünde	
	Marsberg	
Vergleichsgebiet 2	Warendorf	teils belastend (Wärme)
	Lippstadt	
	Gütersloh	
	Rheda-Wiedenbrück	
Vergleichsgebiet 3	Höxter	teils belastend (Nebel;
	Herford	insb. problematisch bei
	Lage	Atemwegserkrankungen)
	Löhne	

1)   Quelle: Becker 1972 (5).

Die sechs ausgewählten Gemeinden des Belastungsgebietes
gehören zu dem klimatischen Sonderbereich "belastender
Verdichtungsraum" mit den entsprechenden anthropogenen
Zusatzbelastungen wie z. B. erhöhter Luftverunreinigung,
Lärm etc. auf die schon vorhandene bioklimatische
Grundstufe: "Belastung". Die wichtigen zeitweise auftreten-
den Belastungsfaktoren sind hier möglicherweise

a) Wärmebelastung durch Schwüle und hohe Sommertemperaturen,

b) verminderter Strahlungsgenuß infolge Industriedunst
   und/oder

c) erhöhte Luftverschmutzung, insbesondere bei austauscharmen Wetterlagen.

Bei der Betrachtung der bioklimatischen Situation in den
Gemeinden des Vergleichsgebiets ergibt sich eine etwas
detailliertere Struktur als bei der Einteilung der Klimabereiche allein. Häufig erfolgt hier eine Zuordnung in eine
Schonstufe, d.h. Auftreten von Reizfaktoren in abge-
schwächter Form. Man unterscheidet innerhalb der Schonstufe
zwischen schonendem, reizschwachem und reizmildem Klima.

Die Gemeinden im westlichen Münsterland (Gemeinden Borken,
Gronau, Coesfeld und Rheine) sowie auch Bocholt liegen im
schonenden Klima mit allgemein geringerer Strah-
lungsintensität, ebenso wie auch einige der Gemeinden im
Unteren und Oberen Weserbergland (Tab. 3). In diesem Raum
kommt es jedoch auch vor, daß eine Zuordnung in die
bioklimatische Belastungsstufe erfolgt (zeitweises Auftreten von Belastungsfaktoren).Aufgrund der Lage der Gemeinden
Herford, Löhne, Höxter und Lage innerhalb von Tälern im
Mittelgebirge wird diese Belastung höchstwahrscheinlich
durch Naßkälte stagnierender Luft (feuchter Niederungsdunst
bzw. Nebel) und/oder verminderten Strahlungsgenuß durch
Niederungsdunst oder Nebel hervorgerufen sein, was insbesondere im Zusammenhang mit Atemwegserkrankungen als pro-

blematisch zu sehen ist. Zur Belastungsstufe müssen auch
die Gemeinden Gütersloh, Rheda-Wiedenbrück, Lippstadt und
Warendorf im östlichen Münsterland gezählt werden. Hier
scheint die Belastung möglicherweise eher durch Wärmebelastung, durch Schwüle und hohe Sommertemperaturen hervorgerufen zu werden, was insbesondere in bezug auf Herz- und
Kreislauferkrankungen von Bedeutung sein könnte. Alle ausgewählten Gemeinden des Sauerlandes können der Schonstufe
zugeordnet werden, je nach Höhenlage ergeben sich die Abstufungen von schonend bis reizmild.

Gemessen an der möglichen Variationsbreite der bioklimatischen Belastungen sind die Unterschiede zwischen den
Gemeinden der Vergleichsgebiete als gering zu bewerten, so
daß eine Aggregation vertretbar erscheint. Dennoch wird bei
der Interpretation der Ergebnisse der statistischen Datenauswertung auf diese Unterschiede bezuggenommen.

5. DESKRIPTIVE DATENANALYSE

Auf der Grundlage der Ergebnisse der Datenerhebung gilt es, zu prüfen, inwieweit die Untersuchungshypothesen durch das Datenmaterial gestützt werden. So wird erwartet, daß mit einer Verschlechterung der Luftqualität sowohl die Erkrankungshäufigkeit als auch die Erkrankungsdauer ansteigen. Bezüglich der Störvariablen wird angenommen, daß mit steigendem Alter, sinkendem Einkommen und niedrigerem Ausbildungsniveau ebenfalls die Erkrankungshäufigkeit und -dauer zunehmen. Des weiteren wird ein höherer Krankheitsstand bei Arbeitern im Vergleich zu Angestellten sowie bei Frauen gegenüber den Männern vermutet.

Grundlage der Datenauswertung ist zunächst die deskriptive Datenanalyse. Diese zielt darauf, das Krankheitsgeschehen im Untersuchungsraum unter Berücksichtigung der Störvariablen näher zu beschreiben. Die Ergebnisse der Datenauswertung dienen dazu, erste Hinweise auf mögliche Zusammenhänge zwischen den Untersuchungsvariablen zu erkennen, Besonderheiten in den Daten aufzudecken sowie ggf. spezielle Hypothesen zu entwickeln, deren Gültigkeit anhand einer weitergehenden Datenanalyse überprüft werden soll.

5.1 Räumliche Verteilung des Krankheitsgeschehens

Tabellen 4 und 5 zeigen, wie sich im Bezugsjahr 1984 die erfaßten Versicherten auf die Teilräume des Untersuchungsgebiets verteilen und welche Fallzahlen in bezug auf die Arbeitsunfähigkeits- und stationären Behandlungsfälle aufgetreten sind.

TABELLE 4 ANZAHL DER VERSICHERTEN UND ARBEITSUNFÄHIGKEITSFÄLLE IM UNTERSUCHUNGSRAUM 1984

	Belastungs-gebiete	Vergleichs-gebiet 1	Vergleichs-gebiet 2	Vergleichs-gebiet 3	Vergleichs-gebiet 4	Vergleichs-gebiete*
Anzahl der Versicherten	28.758	18.524	8.399	7.665	6.963	41.551
Erkrankungen insgesamt						
Versicherte mit einem oder mehre- ren Fällen von Arbeitsunfähigkeit und Krankenhausaufenthalt	7.610	4.553	2.150	1.865	1.746	10.314
Zahl der Krankenhausfälle	9.780	5.894	2.827	2.381	2.200	13.302
Atemwegserkrankungen						
Versicherte mit einem oder mehre- ren Fällen von Arbeitsunfähigkeit und Krankenhausaufenthalt	6.326	4.017	1.926	1.670	1.570	9.130
Zahl der Krankenhausfälle	7.872	5.042	2.472	2.008	1.946	11.468
Herz- und Kreislauferkrankungen						
Versicherte mit einem oder mehre- ren Fällen von Arbeitsunfähigkeit und Krankenhausaufenthalt	1.854	826	362	381	263	1.832
Zahl der Krankenhausfälle	2.119	957	415	435	295	2.102

*   Vergleichsgebiete insgesamt

TABELLE 5 ANZAHL DER VERSICHERTEN UND ARBEITSUNFÄHIGKEITSFÄLLE MIT KRANKENHAUSAUFENTHALT IM UNTERSUCHUNGSRAUM 1984

	Belastungs- gebiete	Vergleichs- gebiet 1	Vergleichs- gebiet 2	Vergleichs- gebiet 3	Vergleichs- gebiet 4	Vergleichs- gebiete*
Anzahl der Versicherten	28.758	18.524	8.399	7.665	6.963	41.551
Erkrankungen insgesamt						
Versicherte mit einem oder mehreren Fällen von Arbeitsunfähigkeit und Krankenhausaufenthalt	721	387	150	148	160	845
Zahl der Krankenhausfälle	754	409	157	153	171	890
Atemwegserkrankungen						
Versicherte mit einem oder mehreren Fällen von Arbeitsunfähigkeit und Krankenhausaufenthalt	318	178	81	60	88	407
Zahl der Krankenhausfälle	330	187	83	61	94	425
Herz- und Kreislauferkrankungen						
Versicherte mit einem oder mehreren Fällen von Arbeitsunfähigkeit und Krankenhausaufenthalt	424	220	73	92	80	465
Zahl der Krankenhausfälle	438	233	78	96	83	490

*   Vergleichsgebiete insgesamt

Für die ausgewählten Gemeinden (vgl. Abb. 1 auf S. 26) sowie bioklimatisch unterschiedlichen Regionen (zur Einordnung in Klimazonen (vgl. Tabelle 3 auf S. 38) werden Gesundheitsindikatoren auf der Grundlage der Variablen "Erkrankungshäufigkeit" und "Erkrankungsdauer" errechnet. Erst durch die Verwendung dieser Indikatoren wird ein Vergleich der Krankheitsdaten innerhalb des Untersuchungsgebiets möglich.

An Indikatoren finden hier Verwendung:

1a) Versicherte mit einem oder mehreren AU-Fällen bezogen auf die Gesamtzahl der Versicherten

1b) Versicherte mit einem oder mehreren Krankenhausfällen bezogen auf die Gesamtzahl der Versicherten

Diese beiden Indikatoren dienen als Maß für den jeweiligen Betroffenheitsgrad der Versicherten. Sie geben an, welcher Anteil der Versicherten Arbeitsunfähigkeitszeiten oder Krankenhausaufenthalte im Betrachtungszeitraum aufweist. Es wird erwartet, daß der Betroffenheitsgrad im Belastungsgebiet über dem in den Vergleichsgebieten liegt.

2a) Zahl der AU-Fälle bezogen auf die Gesamtzahl der Versicherten

2b) Zahl der Krankenhausfälle bezogen auf die Gesamtzahl der Versicherten

Zusammenhängende Zeiträume der Arbeitsunfähigkeit werden von den Allgemeinen Ortskrankenkassen jeweils als ein Fall registriert ("AU-Fall"). Die Fallhäufigkeit je Versicherter der Grundgesamtheit ist unabhängig davon, wieviele Fälle eine einzelne Person betreffen. Hier werden relativ gesehen größere Unterschiede als bei den Indikatoren (1a) und (1b) erwartet, da von der Hypothese ausgegangen wird, daß die im Belastungsgebiet lebenden Menschen häufiger krank sind.

3a) Zahl der AU-Tage bezogen auf die Gesamtzahl der Versicherten

3b) Zahl der Krankenhaustage bezogen auf die Gesamtzahl der
Versicherten

Die Zahl der Erkrankungstage je Versicherter weist eine
enge Verbindung zu den für die ökonomische Bewertung relevanten Kostenfaktoren auf. Da sich eine größere Fallhäufigkeit und eine gleichzeitig längere Erkrankungsdauer im Belastungsgebiet möglicherweise akkumulieren werden, sind
stark erhöhte Werte für das Belastungsgebiet zu erwarten.

4a) Zahl der AU-Tage bezogen auf die AU-Fälle

4b) Zahl der Krankenhaustage bezogen auf die Krankenhausfälle

Die Zahl der Tage pro Fall kann als Indikator für die
Schwere der einzelnen Erkrankungen herangezogen werden. Un-
ter der Hypothese, daß die Luftverschmutzung weniger als
Auslöser, sondern eher als ein die Krankheit verlängernder
Faktor in Erscheinung tritt, werden hier erhebliche Unter-
schiede erwartet.

Differenziert man nach Diagnosegruppen (Tab. 6 und 7), so
ist festzustellen, daß bei den Atemwegserkrankungen für den
Betroffenheitsgrad (Indikator (1a) und (1b)) und in der
Fallhäufigkeit (Indikatoren (2a) und (2b)) keinerlei Unterschiede zwischen Belastungs- und Vergleichsgebiet erkennbar
sind, teilweise sind die Werte sogar im Vergleichsgebiet
leicht erhöht. Bei der Zahl der Tage sind für Arbeitsunfähigkeit jedoch deutliche Unterschiede erkennbar und zwar
pro Versicherten (Indikator (3a)) von etwa einem Tag und
pro Fall (Indikator (4a)) von rund vier Tagen. Bei der Zahl
der Krankenhaustage (Indikatoren (3b) und (4b)) ist das
Bild weniger homogen, was jedoch auch im Zusammenhang mit
den bei den Atemwegserkrankungen besonders geringen Fallzahlen gesehen werden muß. Durchweg niedrig sind die

TABELLE 6 GESUNDHEITSINDIKATOREN IN DEN UNTERSUCHUNGSREGIONEN 1984 — ATEMWEGSERKRANKUNGEN —

Indikator	Belastungs-gebiete	Vergleichs-gebiet 1	Vergleichs-gebiet 2	Vergleichs-gebiet 3	Vergleichs-gebiet 4	Vergleichs-gebiete*
(1a) Versicherte mit mindestens einem AU-Fall bezogen auf die Versicherten insgesamt	0,220	0,217	0,229	0,211	0,225	0,220
(1b) Versicherte mit mindestens einem Krankenhausfall bezogen auf die Versicherten insgesamt	0,011	0,010	0,010	0,008	0,013	0,010
(2a) Zahl der AU-Fälle bezogen auf die Versicherten insgesamt	0,274	0,272	0,294	0,262	0,279	0,276
(2b) Zahl der Krankenhausfälle bezogen auf die Versicherten insgesamt	0,011	0,010	0,010	0,008	0,013	0,010
(3a) Zahl der AU-Fälle bezogen auf die Versicherten insgesamt	4,2	3,1	3,2	2,9	3,0	3,1
(3b) Zahl der Krankenhaustage bezogen auf die Versicherten insgesamt	0,3	0,3	0,3	0,2	0,4	0,3
(4a) Zahl der AU-Tage bezogen auf AU-Fälle	15,5	11,4	10,9	11,2	10,7	11,1
(4b) Zahl der Krankenhaustage bezogen auf die Krankenhausfälle	28,8	27,3	34,2	28,7	28,2	29,1
Umfang der Grundgesamtheit	28,758	18.524	8.399	7.665	6.963	41.551

* Vergleichsgbiete insgesamt

46

**TABELLE 7 GESUNDHEITSINDIKATOREN IN DEN UNTERSUCHUNGSREGIONEN 1984
– HERZ– UND KREISLAUFERKRANKUNGEN –**

	Indikator	Belastungs-gebiete	Vergleichs-gebiet 1	Vergleichs-gebiet 2	Vergleichs-gebiet 3	Vergleichs-gebiet 4	Vergleichs-gebiete*
(1a)	Versicherte mit mindestens einem AU-Fall bezogen auf die Versicherten insgesamt	0,064	0,045	0,043	0,050	0,038	0,044
(1b)	Versicherte mit mindestens einem Krankenhausfall bezogen auf die Versicherten insgesamt	0,015	0,012	0,009	0,012	0,011	0,011
(2a)	Zahl der AU-Fälle bezogen auf die Versicherten insgesamt	0,074	0,052	0,049	0,057	0,042	0,051
(2b)	Zahl der Krankenhausfälle bezogen auf die Versicherten Versicherten	0,015	0,013	0,009	0,013	0,012	0,012
(3a)	Zahl der AU-Fälle bezogen auf die Versicherten insgesamt	3,3	2,1	1,9	2,3	2,3	2,1
(3b)	Zahl der Krankenhaustage bezogen auf die Versicherten Versicherten	0,5	0,4	0,4	0,5	0,4	0,4
(4a)	Zahl der AU-Tage bezogen auf AU-Fälle	45,5	41,0	43,9	40,3	54,1	32,1
(4b)	Zahl der Krankenhaustage bezogen auf die Krankenhausfälle	34,0	31,9	37,9	38,6	36,3	35,9
Umfang der Grundgesamtheit		28,758	18.524	8.399	7.665	6.963	41.551

* Vergleichsgebiete insgesamt

Indikatorenwerte im Vergleichsgebiet 3. Dies deutet darauf hin, daß in der als "teils belastend" (Nebel) eingestuften Region das Bioklima hinsichtlich der Atemwegserkrankungen eine untergeordnete Rolle spielt. Relativ hohe Werte sind in den Vergleichsgebieten 2 und 4 zu finden, was wiederum insbesondere im Vergleichsgebiet 4 der positiven bioklimatischen Beurteilung widerspricht.

Bei den Herz- und Kreislauferkrankungen ergeben sich auch für den Betroffenheitsgrad der Versicherten (Indikatoren (1a) und (1b)) und die Fallhäufigkeiten (Indikatoren (2a) und (2b)) deutliche Unterschiede zwischen Belastungs- und Vergleichsgebieten, minimal sind die Werte im Vergleichsgebiet 2 (Krankenhaus) und im Vergleichsgebiet 4 (Arbeitsunfähigkeit). Auch die mit der Gesamtzahl der Versicherten relativierte Zahl der Arbeitsunfähigkeitstage (Indikator (3a)) liegt im Belastungsgebiet um 1,0 - 1,4 Tage pro Versicherten über den Werten in den Vergleichsgebieten. Die Zahl der Arbeitsunfähigkeitstage je Fall (Indikator (4a)) liegt im Vergleichsgebiet 4 über der im Belastungsgebiet. Bei den Krankenhaustagen sind die Werte sehr inhomogen. Die Auswertung der Gesundheitsindikatoren hat somit im wesentlichen die folgenden Resultate erbracht:

Bei den Atemwegserkrankungen sind für die Häufigkeiten - entgegen der Arbeitshypothese - keine eindeutigen Unterschiede zwischen Belastungs- und Vergleichsgebieten zu erkennen. Im Gegensatz hierzu weist die Erkrankungsdauer jedoch deutlich erhöhte Werte im Belastungsgebiet auf. Für die Herz- und Kreislauferkrankungen liegen sämtliche Indikatorwerte - mit Ausnahme der Krankenhaustage - erwartungsgemäß im Belastungsgebiet über denen in den Vergleichsgebieten. Bei den Krankenhausfällen sind die Ergebnisse in bezug auf die Dauer - aufgrund stark schwankender Krankenhausverweildauern - nur begrenzt aussagefähig (vgl. auch Abschn. 7.1).

Es ist zu klären, ob die Teilgebiete des Untersuchungsraums
in soziodemographischer Hinsicht deutliche Unterschiede
aufweist und inwieweit diese - wiedergegeben durch die
Störvariablen - für die beiden Diagnosegruppen "Atemwegserkrankungen" bzw. "Herz- und Kreislauferkrankungen"
relevant sind. Wenn die "Betroffenheit" von Teilen der
Grundgesamtheit (z. B. Versicherte mit "geringem" Ausbildungsniveau oder Frauen) in bezug auf bestimmte Erkrankungen besonders groß ist, dann wirken sich räumliche
Unterschiede der jeweiligen Gruppenmerkmale (z. B. Ausbildung, Alter, etc.) zwischen Belastungs- und Vergleichsgebiet stark auf die Unterschiede der Erkrankungshäufigkeiten
in beiden Gebieten aus. In diesen Fällen ist es unbedingt
erforderlich, die jeweilige Störvariable im statistischen
Modell zu berücksichtigen. Darüber hinaus ist zu prüfen, ob
die Fallzahlen ("Stichprobenumfang") in den einzelnen Merk-
malsgruppen hinreichend für eine statistische Aussage über
den Einfluß der Unterschiede in der räumlichen Verteilung
der Störvariablen auf die Zielvariablen sind.

Es werden jeweils die Verteilungen der Merkmale in der
Stichprobe für die AOK-Versicherten insgesamt sowie für die
Erkrankten im Belastungsgebiet und in den Vergleichsgebieten für das Jahr 1984 einander gegenübergestellt. Neben
der prozentualen Verteilung der Merkmalsausprägungen bei
den Erkrankten ist auch die Inzidenzrate in den durch die
Merkmalsausprägung definierten Teilen der Grundgesamtheit
angegeben (z. B. Anteil der erkrankten Frauen an den Frauen
in der Grundgesamtheit). Während die Verteilung der Störvariablen bei den Erkrankten nur Vergleiche innerhalb der jeweiligen Region zuläßt, bietet die Inzidenzrate auch eine
direkte Vergleichsmöglichkeit zwischen den beiden Gebieten.
Die Auswertungsergebnisse werden exemplarisch für die Stör-

größe Alter dargestellt, auf die Auswertungsergebnisse bzgl. der anderen Störgrößen soll nur kurz verwiesen werden.

Im Belastungsgebiet sind gegenüber dem Vergleichsgebiet die unteren Altersgruppen (bis 30 Jahre) und die oberen Altersgruppen (50 und mehr Jahre) schwächer besetzt, d. h. die Alterszusammensetzung weist Differenzen zwischen Belastungs- und Vergleichsgebiet auf, und zwar eine Verschiebung in Richtung zur werktätigen Bevölkerung (weniger Jugendliche und Personen im Rentenalter) (s. Tab. 8). Dies ist aber auch im Zusammenhang mit einer erhöhten Arbeitslosigkeit im Belastungsgebiet zu sehen, da ältere Menschen in diesen Gebieten eher arbeitslos werden bzw. sich früher aus dem Produktionsprozeß zurückziehen (Sozialpläne o. ä.) und daher nicht mehr zum Personenkreis der versicherungspflichtig Beschäftigten gehören.

TABELLE 8 ALTERSSTRUKTUR DER VERSICHERUNGSPFLICHTIG BESCHÄFTIGTEN IM JAHR 1984

Altersgruppe	Belastungsgbiet (in %)	Vergleichgbiete (in %)
unter 20 Jahre	4,0	5,2
20 bis unter 30 Jahre	21,7	23,2
30 bis unter 40 Jahre	20,6	16,6
40 bis unter 50 Jahre	27,7	27,3
50 bis unter 60 Jahre	23,6	24,5
60 bis unter 70 Jahre	2,2	3,0
70 Jahre und älter	0,2	0,3
Insgesamt	100,0	100,0

Versicherungspflichtig Beschäftigte der unteren Altersklassen (bis 30 Jahre) sind sowohl im Belastungs- als auch im Vergleichsgebiet überdurchschnittlich häufig von Arbeitsunfähigkeitszeiten aufgrund von Atemwegserkrankungen betroffen. Mit zunehmendem Alter nimmt die Häufigkeit der Atemwegserkrankungen ab (s. Tab. 9). Bei den Herz- und Kreislauferkrankungen sind dagegen in beiden Gebieten die über 50jährigen überproportional vertreten (s. Tab. 10). Die Inzidenzraten sind bei den Herz- und Kreislauferkrankungen im Belastungsgebiet erhöht. Nur die oberste Altersklasse ("70 Jahre und älter") hat einen höheren Wert im Vergleichsgebiet. Etwas unschärfer zeigen die Atemwegserkrankungen dasselbe Bild, wobei hier zusätzlich die Altersgruppe der 20 bis unter 30jährigen im Vergleichsgebiet stärker betroffen ist als im Belastungsgebiet.

Somit wird es insbesondere am Beispiel der Störvariable "Altersstruktur" deutlich, daß es notwendig ist, die Arbeitsunfähigkeitsfälle für die beiden Diagnosegruppen jeweils getrennt zu untersuchen. Des weiteren ist festzustellen, daß aufgrund unterschiedlicher Altersverteilungen im Belastungs- und Vergleichsgebiet und ihrer zentralen Bedeutung hinsichtlich des Krankheitsgeschehens eine Berücksichtigung der Altersstruktur und möglicherweise auch der Wechselwirkungen mit der Luftbelastung im statistischen Modell unerläßlich ist.

Ziehen wir schließlich die Dauer der Arbeitsunfähigkeit als weitere Zielgröße heran, so ergeben sich erwartungsgemäß deutliche Verteilungsunterschiede zwischen Belastungs- und Vergleichsgebiet. Gerade die längeren AU-Dauern (über 6 Wochen) treten im Belastungsgebiet über 1,5 mal so häufig auf wie im Vergleichsgebiet. Dieses Phänomen ist in beiden Erkrankungsgruppen zu beobachten, wobei "Atemwegserkrankungen" (Tab. 11) eher kürzere Arbeitsunfähigkeitszeiträume als die "Herz- und Kreislauferkrankungen" (Tab. 12) aufweisen.

TABELLE 9 VERSICHERUNGSPFLICHTIG BESCHÄFTIGTE MIT MINDESTENS EINEM FALL VON ARBEITSUNFÄHIGKEIT IM JAHR 1984
- ATEMWEGSERKRANKUNGEN -

Altersgruppe	Belastungsgebiet		Vergleichsgebiete	
	Zahl der Erkrankten (in %)	Inzidenz-rate (in %)	Zahl der Erkrankten (in %)	Inzidenz-rate (in %)
unter 20 Jahre	6,5	35,9	8,2	35,1
20 bis unter 30 Jahre	27,0	27,4	30,0	28,4
30 bis unter 40 Jahre	21,1	22,5	16,8	22,2
40 bis unter 50 Jahre	22,1	17,5	21,7	17,5
50 bis unter 60 Jahre	21,4	19,9	20,9	18,8
60 bis unter 70 Jahre	1,9	18,9	2,4	17,3
70 Jahre und älter	0,1	8,9	0,1	9,7
Insgesamt	100,0	22,0	100,0	22,0

TABELLE 10 VERSICHERUNGSPFLICHTIG BESCHÄFTIGTE MIT MINDESTENS EINEM FALL VON ARBEITSUNFÄHIGKEIT IM JAHR 1984
- HERZ- UND KREISLAUFERKRANKUNGEN -

Altersgruppe	Belastungsgebiet		Vergleichsgebiete	
	Zahl der Erkrankten (in %)	Inzidenz-rate (in %)	Zahl der Erkrankten (in %)	Inzidenz-rate (in %)
unter 20 Jahre	2,4	3,8	2,2	1,9
20 bis unter 30 Jahre	13,5	4,0	15,0	2,9
30 bis unter 40 Jahre	14,9	4,7	11,6	2,9
40 bis unter 50 Jahre	26,0	6,1	26,4	4,3
50 bis unter 60 Jahre	39,4	10,7	40,1	7,2
60 bis unter 70 Jahre	3,7	11,0	5,0	7,4
70 Jahre und älter	0,1	4,4	0,4	5,7
Insgesamt	100,0	6,4	100,0	4,4

**TABELLE 11 DAUER DER ARBEITSUNFÄHIGKEIT DER VERSICHERUNGS-
PFLICHTIG BESCHÄFTIGTEN IM JAHR 1984
– ATEMWEGSERKRANKUNGEN –**

Dauer	Belastungsgebiet		Vergleichsgebiete	
	Zahl der Erkrankten (in %)	Anteil an der Grund-gesamtheit (in %)	Zahl der Erkrankten (in %)	Anteil an der Grund-gesamtheit (in %)
Bis zu einer Woche	36,3	8,0	50,7	11,1
Ab 1 Woche bis zu 3 Wochen	44,3	9,7	38,1	8,4
Ab 3 Wochen bis zu 6 Wochen	13,0	2,9	7,8	1,7
Ab 6 Wochen bis zu einem halben Jahr	5,1	1,1	2,6	0,6
Mehr als ein halbes Jahr	1,3	0,3	0,8	0,2
Insgesamt	100,0	21,8	100,0	22,2

**TABELLE 12 DAUER DER ARBEITSUNFÄHIGKEIT DER VERSICHERUNGS-
PFLICHTIG BESCHÄFTIGTEN IM JAHR 1984
– HERZ– UND KREISLAUFERKRANKUNGEN –**

Dauer	Belastungsgebiet		Vergleichsgebiete	
	Zahl der Erkrankten (in %)	Anteil an der Grund-gesamtheit (in %)	Zahl der Erkrankten (in %)	Anteil an der Grund-gesamtheit (in %)
Bis zu einer Woche	19,0	1,2	29,0	1,3
Ab 1 Woche bis zu 3 Wochen	34,7	2,2	32,9	1,4
Ab 3 Wochen bis zu 6 Wochen	23,0	1,5	17,4	0,8
Ab 6 Wochen bis zu einem halben Jahr	16,0	1,0	13,2	0,6
Mehr als ein halbes Jahr	7,2	0,5	7,7	0,3
Insgesamt	100,0	6,4	100,0	4,4

Die bisherigen Auswertungsergebnisse lassen sich wie folgt
zusammenfassen:

Die Verteilungen von Ziel- und Störgrößen entsprechen zum
großen Teil den erwarteten Zusammenhängen. Allerdings
bleibt zu beachten, daß es sich jeweils um eindimensionale
Analysen handelt und diese nicht dazu geeignet sind, die
komplexen Zusammenhänge zwischen der Erkrankungshäufigkeit
bzw. -dauer und den Störgrößen vollständig zu erfassen. Die
ökonomische Bewertung von Gesundheitsschäden erfordert jedoch ein statistisch weitgehend abgesichertes Mengengerüst.
Aus diesem Grunde ist es unerläßlich, die Daten mittels mathematisch-statistischer Verfahren der Wahrscheinlich-
keitsrechnung einer zusätzlichen Analyse zu unterziehen.
Die auffallend großen Unterschiede in der Verteilung der
Störvariablen im Belastungs- und Vergleichsgebiet haben gezeigt, daß es notwendig ist, diese in die statistische Auswertung miteinzubeziehen. Hierauf kann u. U. im Falle der
soziodemographischen Variablen "Einkommen" und "Stellung im
Beruf" verzichtet werden. Des weiteren wurde deutlich, daß
es wegen der unterschiedlichen Bedeutung von Stör- und
Einflußvariablen notwendig ist, die beiden Diagnosegruppen
und die Krankenhausaufenthalte bzw. Arbeitsunfähigkeitsfälle in separaten Modellansätzen zu erfassen.

5.3 Entwicklung des Krankheitsgeschehens im Zeitablauf

Es stellt sich die Frage, ob die Basisdaten für das Bezugsjahr 1984 offensichtliche Besonderheiten aufweisen.
Beispielsweise könnte es sich um durch Zufallsschwankungen
verursachte Ausreißer handeln. Weiter ist zu fragen, ob er-
klärungsbedürftige Schwankungen über die Jahre hinweg zu
beobachten sind. Aus diesem Grunde wird eine zusätzliche
Datenauswertung im Zeitablauf für die Jahre 1981 bis 1985
vorgenommen.

Es wird erwartet, daß sämtliche Indikatorenwerte im Belastungsgebiet gegenüber dem Vergleichsgebiet erhöht sind. Hier werden beispielhaft nur zwei Indikatoren diskutiert (zur Definition vgl. Abschnitt 5.1):

Die Fallzahlen je Versicherten (Indikator (2a)) für die Atemwegserkrankungen zeigen bei den Arbeitsunfähigkeitsfällen (s. Abb. 2) ein den Hypothesen widersprechendes Bild; der Indikatorwert für das Vergleichsgebiet liegt für die Jahre 1981 - 1983 und 1985 über dem des Belastungsgebiets, für 1984 sind beide Werte identisch. Bei den Herz- und Kreislauferkrankungen liegen hingegen erwartungsgemäß im Belastungsgebiet gegenüber dem Vergleichsgebiet durchweg erhöhte Werte vor. Hier zeigt die Betroffenheit in beiden Gebieten eine leicht steigende Tendenz. Die Erkrankungstage je Versicherten (Indikatoren (3a) und (3b)) zeigen über die Jahre 1981 bis 1985 den erwarteten Verlauf, d. h. die Werte für das Belastungsgebiet liegen jeweils über denen des Vergleichsgebiets (s. Abb. 3 und 4).

Zusammenfassend läßt sich für die Zeitreihenbetrachtung feststellen, daß die Indikatorwerte über die Jahre 1981 - 1985 relativ homogene Verläufe aufweisen. Somit erscheint es gerechtfertigt, für einen ersten Ansatz die Daten von 1984 zu verwenden. Es sei noch darauf hingewiesen, daß die fünfjährige Verlaufsanalyse Störvariablen, wie beispielsweise die Altersstruktur nicht berücksichtigt. Für eine ausführlichere Zeitreihenbetrachtung sei auf Abschnitt 7.2 verwiesen.

5.4 Repräsentativität der Daten

Es stellt sich die Frage, inwiefern die anhand der Stichprobe der AOK-Versicherten gewonnenen Ergebnisse repräsentativ sind, d.h. auf alle versicherungspflichtig Beschäftigte im Untersuchungsraum übertragbar sind. Zu diesem

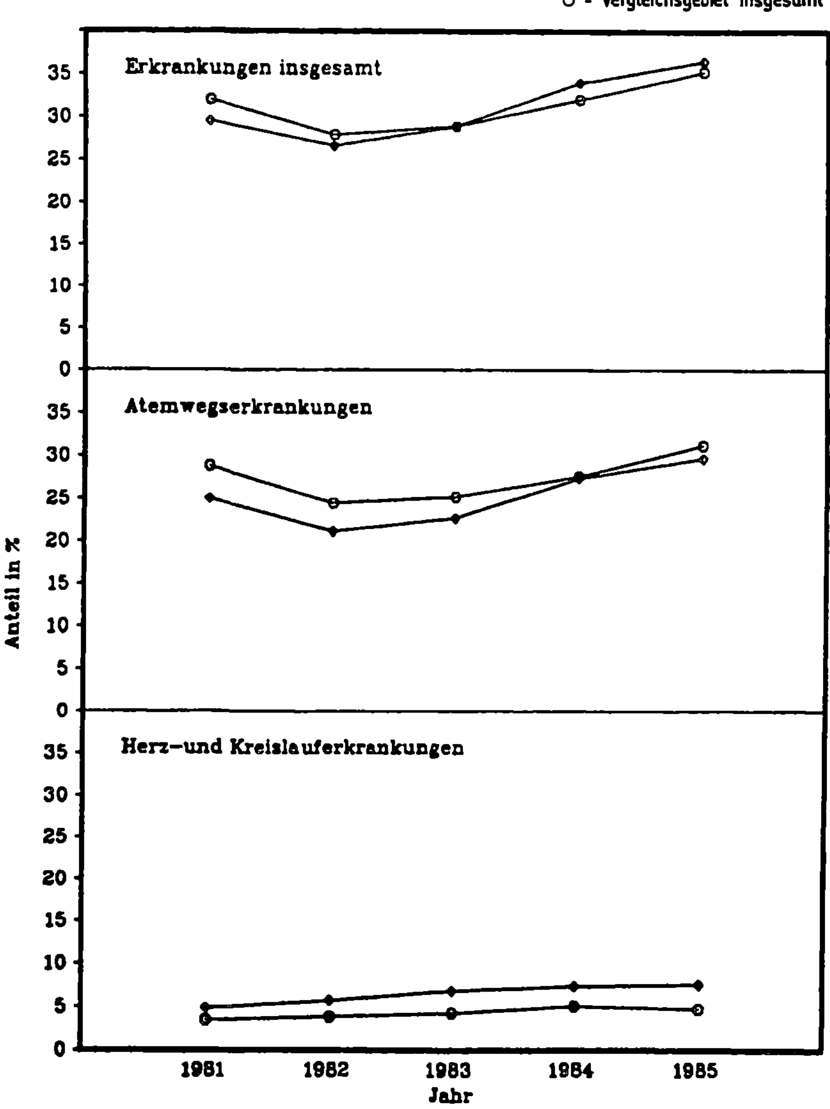
Gebiet:
◇ = Belastungsgebiet insgesamt
○ = Vergleichsgebiet insgesamt
Erkrankungen insgesamt
Atemwegserkrankungen
Herz-und Kreislauferkrankungen
Anteil in %
1981
1982
1983
1984
1985
Jahr

ABBILDUNG 3 ARBEITSUNFÄHIGKEITSTAGE PRO VERSICHERTEN IN DER GRUNDGESAMTHEIT IM ZEITABLAUF (1981-1985)

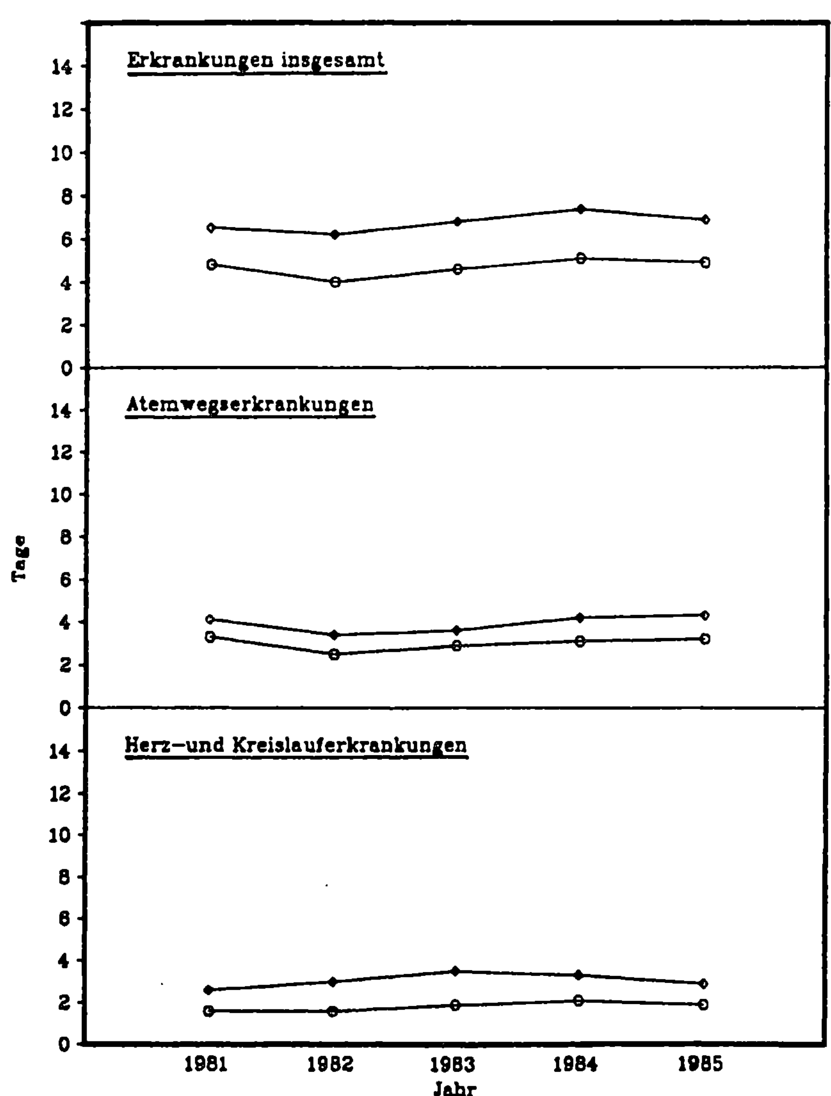

ABBILDUNG 4 KRANKENHAUSTAGE PRO VERSICHERTEN IN DER GRUNDGESAMTHEIT IM ZEITABLAUF (1981-1985)

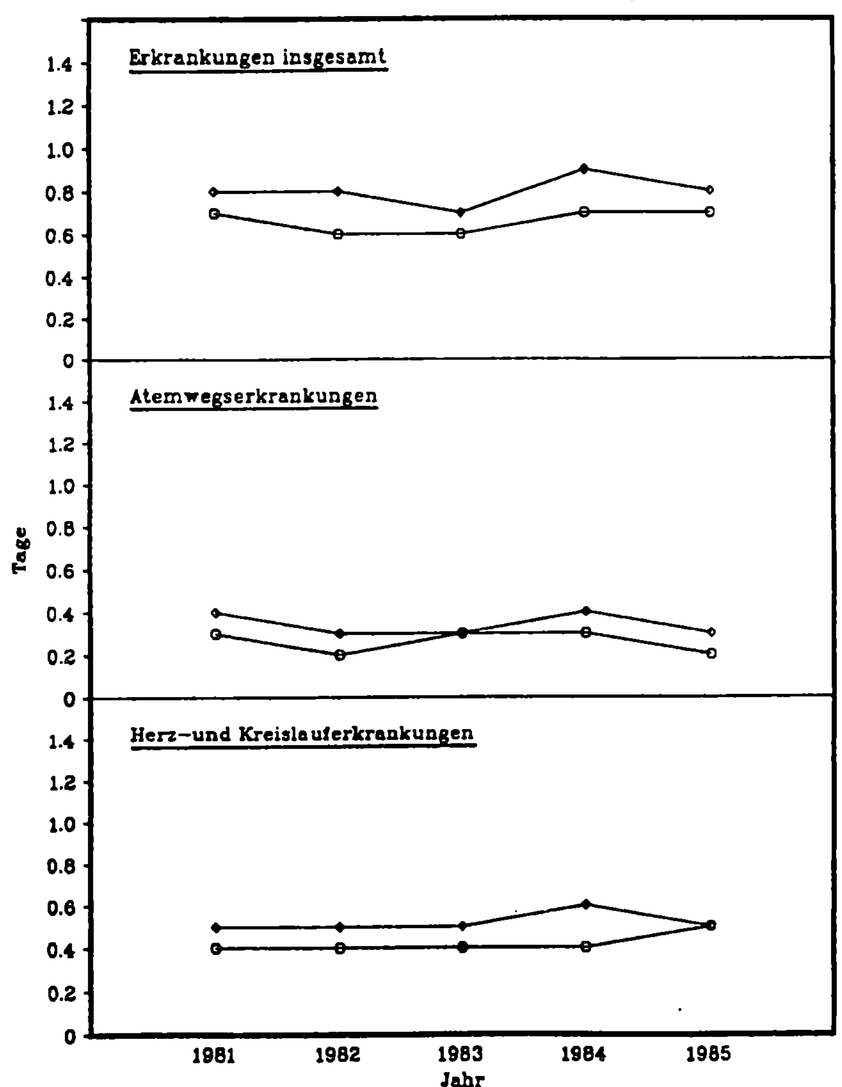

Zweck werden die Ausprägungen der soziodemographischen Variablen in der Stichprobe der AOK-Versicherten und für die versicherungspflichtig Beschäftigten in der Untersuchungsregion insgesamt - soweit verfügbar - einander gegenübergestellt. Bei weitgehender Übereinstimmung könnte eine direkte Übertragung der Ergebnisse auf die versicherungspflichtig Beschäftigten insgesamt vorgenommen werden, anderenfalls ist es notwendig, Unterschiede hinsichlich der Verteilung der Störvariablen bei der Hochrechnung zu berücksichtigen. Der Vergleich der AOK-Versicherten mit den versicherungspflichtig Beschäftigten insgesamt hat indessen deutliche Unterschiede gezeigt. So wird deutlich, daß Frauen, die oberen Altersklassen und Versicherte mit einem "niedrigeren" Ausbildungsniveau bei den AOK-Versicherten stärker vertreten sind. Dies bedeutet, daß eine Übertragung der Auswertungsergebnisse auf die Gesamtbevölkerung der Untersuchungsregion nicht ohne weiteres möglich ist.

5.5 Häufigkeit und Verteilung einzelner Krankheitsarten

Von besonderem Interesse bei der Beurteilung des Krankheitsgeschehens sind die Häufigkeiten der Einzeldiagnosen in den Gemeinden des Belastungsgebietes und in den durch die bioklimatischen Unterschiede definierten Teilregionen des Vergleichsgebietes. Dabei wird von der Hypothese ausgegangen, daß im Belastungsgebiet typischerweise andere Erkrankungen auftreten als im Vergleichsgebiet.

Um den direkten Vergleich zwischen Belastungs- und Vergleichsgebiet zu ermöglichen, wurden die Diagnosen je 1000 versicherungspflichtig Beschäftigte der Grundgesamtheit für die Diagnosegruppen sowie für wesentliche Einzeldiagnosen errechnet. Eine Auswahl der aggregierten Ergebnisse ist den Tabellen 13 und 14 zu entnehmen. Bei den Atemwegserkrankungen ergibt sich folgendes Bild: Die zur Grundgesamtheit in Relation gesetzte Zahl der Diagnosen ist bei den Atemwegserkrankungen im Belastungsgebiet nur geringfügig höher als im Vergleichsgebiet, wobei jedoch deutliche Unterschiede im Gewicht der Diagnosegruppen und der Einzeldiagnosen erkennbar sind. Besonders auffällige Verschiebungen gibt es zwischen den Gruppen "Akute Infektionen der Atmungsorgane" und "Pneumonie und Grippe". Dagegen ist die Bedeutung der anderen Diagnosegruppen fast durchweg im Vergleichsgebiet geringer als im Belastungsgebiet. Die Häufigkeiten der zu den Herz- und Kreislauferkrankungen gehörigen Diagnosen liegt im Belastungsgebiet deutlich über den Werten des Vergleichsgebietes. Augenfällig ist jeweils der relativ hohe Wert für die Diagnosegruppe "Hypertonie und Hochdruckkrankheiten" und "Ischämische Herzkrankheiten" im Belastungsgebiet.

Des weiteren gilt es, zu prüfen, ob Einzeluntersuchungen für bestimmte Diagnosen oder Diagnosegruppen erforderlich sind. Dies kann beispielsweise dann der Fall sein, wenn die Verteilungen der Störgrößen sich bei den einzelnen Erkrankungen stark unterscheiden. Zu diesem Zweck wurde die Verteilung der Erkrankten für die Diagnosegruppen und ausgewählte Einzeldiagnosen jeweils in bezug auf die Störvariablen in Belastungs- und Vergleichsgebiet untersucht. Zusammengefaßt ergeben sich aus dieser Analyse folgende Resultate:

Bei den Atemwegserkrankungen weisen vor allem die "bösartigen Neubildungen der Luftröhre, Bronchien und Lunge" ein grundlegend anderes Abhängigkeitsmuster zu den Störvariablen (vor allem zu Alter und Geschlecht) auf als die anderen Erkrankungen und sollten daher isoliert betrachtet werden. Allerdings ist dies aufgrund der geringen Fallzahlen bei der vorliegenden Stichprobe nicht möglich. Für die übrigen Diagnosegruppen aus dem Bereich Atemwegserkrankungen bietet sich jedoch eine Aggregation an. Hierdurch könnten die extremen Häufigkeitsunterschiede zwischen den Einzeldiagnosen, die möglicherweise auf Ungenauigkeiten bei

Diagnosegruppe	Belastungsgebiet	Vergleichsgebiete
Bösartige Neubildung der Luft- röhre, Bronchien und Lunge (Einzeldiagnose ICD-Nr. 162)	0,3	0,3
Akute Infektionen der Atmungsorgane	132,6	112,3
darunter: Akute Nebenhöhlenentzündung	7,4	11,5
Akute Mandelentzündung	26,3	27,9
Akute Infektionen der oberen Luftwege an mehreren oder n.n. bez. Stellen	50,9	21,1
Akute Bronchitis und Bronchiolitis	24,0	23,0
Sonstige Krankheiten der oberen Luftwege	30,7	24,8
darunter: Chronische Nebenhöhlenentzündung	21,1	17,7
Pneumonie und Grippe	82,1	107,9
darunter: Grippe	72,5	99,2
Chronische obstruktive Lungenkrank- heiten und verwandte Affektionen	92,4	87,4
darunter: Bronchitis, nicht als akut oder chronisch bezeichnet	81,4	79,4
Insgesamt	338,1	332,8

Diagnosegruppe	Belastungsgebiet	Vergleichsgebiete
Hypertonie und Hochdruckkrankheiten	36,4	21,2
darunter: Essentielle Hypertonie	34,3	20,7
Ischämische Herzkrankheiten	28,0	18,9
darunter:		
Akuter Myokardinfarkt	3,0	3,0
Angina pectoris	14,3	8,5
Sonstige Formen von chronischen ischämischen Herzkrankheiten	8,0	5,3
Krankheiten des Lungenkreislaufs	0,8	0,6
Krankheiten des zebrovaskulären Systems	0,8	1,5
Hypertonie (Einzeldiagnose, ICD Nr. 458)	17,9	15,8
Insgesamt	83,9	58,0

ihrer Verschlüsselung zurückzuführen sind, kompensiert werden. Im Nachhinein erscheint somit die Diagnosenaggregation gerechtfertigt zu sein. Bei den Herz- und Kreislauferkrankungen ist der globale Ansatz wegen mangelnder Homogenität im Verhältnis zu den Störvariablen nicht als optimal anzusehen. Es bieten sich aufgrund von auffälligen Verteilungsunterschieden bei Geschlecht, Alter und Einkommen Einzeluntersuchungen der Diagnosegruppen "Hypertonie und Hochdruckkrankheiten", "Ischämische Herzkrankheiten" und "Hypotonie" an. Die genannten Diagnosegruppen weisen jeweils die für die Auswertung erforderlichen Fallzahlen auf. Allerdings waren diagnosespezifische Einzeluntersuchungen im Rahmen dieser Untersuchung nicht mehr möglich.

6. KOSTENABSCHÄTZUNG

6.1 Ermittlung von Schätzwerten für die Erkrankungswahrscheinlichkeit und -dauer

Die Ergebnisse der deskriptiven Datenanalyse liefern eine Reihe aufschlußreicher Hinweise auf das Krankheitsgeschehen in der Untersuchungsregion. Wegen der aufgezeigten Problematik im Zusammenhang mit den unterschiedlichen Ausprägungen der Störvariablen haben diese Ergebnisse allerdings als Grundlage für die ökonomische Bewertung von Gesundheitsschäden nur einen begrenzten Aussagewert. Erforderlich ist vielmehr die Ermittlung von Schätzwerten für die Erkrankungswahrscheinlichkeit und -dauer in den jeweiligen Teilregionen mit Hilfe mathematisch-statistischer Auswertungsmethoden. Diese Methoden haben den Vorzug, daß sie Aussagen über mögliche Zusammenhänge zwischen Gesundheitseffekten und der Belastungssituation mit bestimmten Wahrscheinlichkeiten zulassen. Insbesondere kann eine Aussage über die relative Bedeutung der Belastungssituation gegenüber den Störvariablen getroffen werden.

Im folgenden erscheint es sinnvoll zu sein, zunächst die Wahrscheinlichkeit des Eintritts einer Erkrankung zu bestimmen und im Anschluß hieran für die erkrankten Personen eine Aussage über die Erkrankungsdauer zu machen. Die geschätzten Werte für die Erkrankungswahrscheinlichkeit und -dauer differenziert nach soziodemographischen Variablen dienen dann als Eingabedaten für das ökonomische Bewertungsmodell. Im ersten Schritt wird die Methode der multiplen Regression verwendet. Erkrankungswahrscheinlichkeit und Erkrankungsdauer werden untersucht, mit dem Ziel, signifikante Einfluß- und Störgrößen herauszufinden. Insbesondere ist zu klären, ob nach Einbeziehung sämtlicher Störvariablen die Luftverschmutzung noch einen signifikanten Einfluß auf die Erkrankungswahrscheinlichkeit und die Erkrankungsdauer hat. Im zweiten Schritt wird die Datenauswertung mittels einer Schichtenanalyse vorgenommen. Geschichtet wird nach Störgrößen, deren Signifikanz aus den Schätzergebnissen des Gesamtmodells hervorgegangen ist. In den so definierten Schichten werden Schätzwerte für die Erkrankungswahrscheinlichkeit und die Erkrankungsdauer ermittelt. Um zu Genauigkeitsaussagen für die Schätzung zu gelangen, werden zusätzlich Konfidenzintervalle bestimmt. Die Ergebnisse der Schichtenanalyse liefern letztlich das Mengengerüst für die anschließende ökonomische Bewertung.

Bezugsjahr in beiden Fällen ist das Jahr 1984. Unterschieden wird nach den Diagnosegruppen "Atemwegserkrankungen" und "Herz- und Kreislauferkrankungen". An erklärenden Variablen (Einfluß- und Störgrößen) werden berücksichtigt:

- Belastungsindex: 1 = Belastungsgebiet
                          2 = Vergleichsgebiet

- Altersklassen: 1 = bis unter 30 Jahre
                          2 = 30 bis unter 45 Jahre
                          3 = 45 Jahre und mehr

- Geschlecht: 1 = weiblich
                          2 = männlich

- monatliches Einkommen: 1 = bis unter 1.500 DM
                          2 = 1.500,- bis unter 3.000,- DM
                          3 = 3.000,- DM und mehr

- Stellung im Beruf: 1 = Arbeiter
                        2 = Angestellter

- Ausbildung: 1 = ohne abgeschlossene
                              Berufsausbildung
                        2 = mit abgeschlossener
                              Berufsausbildung

6.1.1 Multiple Regressionsanalyse

Ziel der multiplen Regressionsanalyse ist die quantitative
Darstellung der Gesundheitsschäden als Funktion der
Luftverunreinigung und anderer Variablen. Dabei ist die
Mächtigkeit der einzelnen Faktoren abzuschätzen, bzw. es
ist zu überprüfen, ob sie überhaupt Einfluß auf die Zielva-
riablen haben.

Im Rahmen diesr Untersuchung liegt ein Spezialfall vor, da
zum einen simultan zwei Zielvariablen zu betrachten sind
und zum anderen eine der Zielvariablen - das Auftreten einer Erkrankung - eine 0,1-Variable ist, d. h. sie kann nur
zwei Werte annehmen. Die Voraussetzungen des linearen Modells sind somit verletzt; die Bedingung der Homogenität
der Varianzen und die Annahme der Normalverteilung ist als
nicht erfüllt anzusetzen. In diesen Fällen bietet sich die
Verwendung eines Probit- oder eines Logitmodells an. Der
hierbei verwendete Modellansatz wurde in Anlehnung an die
in einer Studie von Bart D. Ostro (32) verwendete Methodik
gewählt. Ziel dieser Untersuchung war es, wie im vorliegenden Ansatz, ein Modell für die Häufigkeit und Dauer von
Arbeitsunfähigkeitsfällen zu entwickeln.

Sowohl das Auftreten einer Erkrankung als auch die jeweilige Dauer werden von zahlreichen Variablen beeinflußt.
Diese Stör- bzw. Einflußgrößen werden im Modell in der Form
von sogenannten Dummies berücksichtigt. Die Konstante bzw.
das Absolutglied des statistischen Modells enthält den

Schätzwert, der sich für die Schicht ergibt, die nicht
durch Dummies erfaßt wird bzw. in der alle Dummies den Wert
0 besitzen (hier: Vergleichsgebiet, Altersklasse 1, weiblich, Einkommensklasse 1, Arbeiter und ohne abgeschlossene
Berufsausbildung). Die anderen Schätzwerte sind jeweils als
Abweichung hiervon zu interpretieren. Will man beispielsweise wissen, wie der entsprechende Wert für die oben
genannte Schicht im Belastungsgebiet liegt, so ist der Wert
des Parameters für den Belastungsindex zur Konstante hinzu-
zuaddieren.

Für die Erkrankungswahrscheinlichkeit sind die so gewonnenen Werte als Argument der Standardnormalverteilung zu
interpretieren. Es ist somit zu bestimmen, mit welcher
Wahrscheinlichkeit der Wert bei vorliegender
Standardnormalverteilung auftreten würde und dies ergibt
dann einen Schätzer für die Erkrankungswahrscheinlichkeit.
Positive Parameter implizieren, daß bei Vorliegen der entsprechenden Merkmalsausprägung die Erkrankungswahrscheinlichkeit wächst. Für die Erkrankungsdauern wurden - allerdings für die logarithmierten Werte - additiv wirkende
Parameterschätzer bestimmt. Wegen des Logarithmierens kann
der Parameter des Belastungsindexes als ein über alle
Schichten konstanter Faktor angesehen werden.

In Tabelle 15 sind die Schätzergebnisse des mathematisch-
statistischen Modells für beide Erkrankungsgruppen dargestellt. Die Signifikanzangaben resultieren aus einem t-Test
zum 5 % Niveau. Bei den Atemwegserkrankungen erweist sich
für die Arbeitsunfähigkeit der Einfluß der Luftverschmutzung auf die Erkrankungswahrscheinlichkeit als nicht
signifikant. Im Gegensatz hierzu sind alle im Modell
einbezogenen Störgrößen signifikant. Die Erkrankungswahrscheinlichkeit sinkt mit zunehmendem Alter. Bezüglich des
Einkommens hat sie ihr Maximum in der mittleren Klasse und
auch die oberste Einkommensstufe hat gegenüber der untersten einen positiven Einfluß auf die Erkrankungswahrscheinlichkeit. Männer bzw. Angestellte bzw. Personen mit

	Atemwegserkrankungen		Herz- und Kreislauf-erkrankungen	
	Wahrschein-lichkeit[*]	Dauer (log)[**]	Wahrschein-lichkeit[*]	Dauer (log)[**]
Konstante	-0,531	1,968	-1,872	2,260
	s.	s.	s.	s.
<u>Belastungsindex</u> D_1 Belastungsgebiet	0,013	0,266	0,205	0,231
	n.s.	s.	s.	s.
<u>Alter</u> D_2 Klasse 2	-0,265	0,219	0,102	0,538
	s.	s.	s.	s.
D_3 Klasse 3	-0,386	0,467	0,414	1,156
	s.	s.	s.	s.
<u>Geschlecht</u> D_4 männlich	-0,089	-0,019	-0,069	0,408
	s.	n.s.	s.	s.
<u>Einkommen</u> D_5 Klasse 2	0,143	-0,056	0,035	-0,660
	s.	s.	n.s.	s.
D_6 Klasse 3	0,066	-0,159	-0,091	-0,874
	s.	s.	s.	s.
<u>Stellung im Beruf</u> D_7 Angestellter	-0,150	-0,110	-0,092	0,088
	s.	s.	s.	s.
<u>Ausbildung</u> D_8 mit abgeschlossener Berufsausbildung	-0,065	-0,042	-0,058	0,044
	s.	s.	s.	s.
R^2		0,077		0,186

[*] = Probit-Ansatz; [**] = logarithmisch, linearer Ansatz
s. = signifikant;   n.s. = nicht signifikant (5% Niveau)

abgeschlossener Berufsausbildung leiden weniger häufig unter Atemwegserkrankungen als Frauen bzw. Arbeiter bzw. Versicherte ohne abgeschlossene Berufsausbildung. Für die Arbeitsunfähigkeit aufgrund von Herz- und Kreislauferkrankungen ergibt sich ein deutlich anderes Bild. Der Signifikanztest für den Belastungsindex unterschreitet deutlich die 5-Prozent-Grenze, die Luftverschmutzung erweist sich nach der obersten Altersklasse als der bedeutendste Faktor zur Erklärung der Erkrankungswahrscheinlichkeit. Bezüglich der Störvariablen ergeben sich die folgenden Resultate: Die Wahrscheinlichkeit zu erkranken nimmt mit dem Alter zu, mit dem Einkommen geringfügig ab. Der Einfluß der mittleren Einkommensklasse ist nicht signifikant. Bei Männern, Angestellten und Versicherten mit abgeschlossener Berufsausbildung ist - wie bei den Atemwegserkrankungen - die Erkrankungswahrscheinlichkeit geringer als bei Frauen, Arbeitern und Versicherten ohne abgeschlossene Berufsausbildung.

Für die Dauer der Erkrankung ist der Einfluß des Belastungsindexes für beide Erkrankungsgruppen signifikant. Die Dauer der Arbeitsunfähigkeit wächst mit dem Alter und sinkt mit dem Einkommen. Das Geschlecht hat bei den Atemwegserkrankungen keinen signifikanten Einfluß. Bei den Herz- und Kreislauferkrankungen weisen Männer die längere Erkrankungsdauer auf. Versicherte mit abgeschlossener Berufsausbildung bzw. Angestellte leiden im Vergleich zu Versicherten ohne abgeschlossene Berufsausbildung und Arbeitern länger unter Herz- und Kreislauferkrankungen. Bei den Atemwegserkrankungen ergibt sich ein entgegengesetztes Bild; hier sind Arbeiter und Versicherte ohne abgeschlossene Berufsausbildung signifikant länger krank.

Zu den Resultaten für die Krankenhausfälle sei hier nur folgendes angemerkt: Die Zahl der nicht signifikanten Parameter ist wesentlich größer als im Arbeitsunfähigkeitsbereich. Die Ursache hierfür muß nicht unbedingt im fehlenden Einfluß der Luftverschmutzung liegen. Es ist auch möglich, daß die im Krankenhausbereich äußerst geringen Fallzahlen für den Nachweis der Signifikanz nicht mehr hinreichend sind.

Zwischen den empirischen Werten der Stichprobe und den Ergebnissen der multiplen Regressionsanalyse bestehen verhältnismäßig große Abweichungen. Dies läßt sich an verschiedenen Gütekriterien für die Modellanpassung erkennen. Eine wesentliche Ursache liegt sicher in der unvollständigen Erfassung der Störvariablen. Andererseits muß dies auch im Zusammenhang mit den durch das Modell nicht erfaßten Wechselwirkungen der Störvariablen untereinander sowie zwischen Störvariablen und der Einflußvariablen gesehen werden. Die deskriptiven Auswertungen haben deutliche Hinweise auf das Vorhandensein dieser Wechselwirkungen erbracht. Eine statistische Abhängigkeit zwischen der Wahrscheinlichkeit des Auftretens einer Arbeitsunfähigkeit und deren Dauer war andererseits nicht signifikant nachweisbar. Eine getrennte Betrachtung dieser beiden Zielgrößen ist damit zulässig.

Um zu Schätzwerten zu gelangen, die einen engeren Zusammenhang zu den empirischen Werten aufweisen, sollen vorhandene Wechselwirkungen berücksichtigt werden. Mit diesem Ziel wird im folgenden eine Schichtenanalyse durchgeführt, und zwar sowohl für die Erkrankungswahrscheinlichkeit als auch für die Erkrankungsdauer.

6.1.2 Schichtenanalyse

Geschichtet wird lediglich nach den Störgrößen Geschlecht, Alter und dem Statusindikator Ausbildung. Diese Einschränkung erfolgte erstens, um für den Leser die Methodik anhand eines Beispiels übersichtlich darzustellen. Zweitens erscheint die alleinige Verwendung der Störgröße "Ausbildung" als Statusindikator auf der Grundlage der Ergebnisse der deskriptiven Auswertungen durchaus gerechtfertigt zu sein.

Die Schichtenanalyse erfolgt ausschließlich für die
Arbeitsunfähigkeitsfälle, da sich in diesen Fällen - gegenüber den Krankenhausfällen - die Luftverschmutzung zum
überwiegenden Teil als signifikante Einflußgröße erwiesen
hat (vgl. Tab. 15).

Für die beiden Variablen Erkrankungswahrscheinlichkeit und
Erkrankungsdauer werden jeweils Tests auf Unterschiede zwischen Belastungs- und Vergleichsgebiet durchgeführt (χ^2 -
Test bzw. t-Test). Resultat dieser Tests ist die Aussage,
ob in der jeweiligen Schicht zu einem Niveau von α = 5 %,
signifikante Unterschiede vorliegen. Als Eingangsgröße für
das ökonomische Bewertungsmodell sind jedoch Schätzwerte
für die Erkrankungswahrscheinlichkeit und die durchschnittliche Dauer in den beiden Regionen erforderlich, die als
relative Häufigkeit bzw. arithmetisches Mittel aus der jeweiligen Stichprobe errechnet werden. Haben die Tests für
eine Schicht keine signifikanten Ergebnisse gebracht, so
wird der Schätzwert aus der zusammengefaßten (gepoolten)
Gesamtstichprobe errechnet.

Da die so gewonnenen Punktschätzwerte nur auf einer Stichprobe belasteter bzw. unbelasteter Gemeinden in einem Ausschnitt der Bevölkerung (Teil der AOK-Versicherten) basieren, ist es realistisch anzunehmen, daß der wahre Wert mehr
oder weniger stark von dem geschätzten abweicht. Um zu einem Anhaltspunkt für die zufälligen Abweichungen zu kommen,
erscheint es sinnvoll, zusätzlich eine Intervallschätzung
vorzunehmen. Auf der Grundlage der Stichprobe werden Unter-
und Obergrenzen (Konfidenzgrenzen) bestimmt, die den un-
bekannten wahren Wert mit einer bestimmten Sicherheit, z.
B. 95 %, einschließen. Für sämtliche o. g. Punktschätzwerte
werden Konfidenzbereiche angegeben. Die Punkt- und die In-
tervallschätzwerte stellen das Mengengerüst für die ökonomischen Bewertung dar (vgl. Abschn. 6.2).

Die Ergebnisse der Analyse in den Einzelschichten sind in
den Tabellen 16 - 19 zusammengefaßt. Dort sind neben den

Schätzwerten für die beiden Zielgrößen auch Schätzwerte für die 95 %-Konfidenzbereiche im Belastungs- und Vergleichsgebiet jeweils für Atemwegs-, Herz- und Kreislauferkrankungen angegeben. Bei nicht signifikanten Unterschieden werden wiederum jeweils die Werte für die gepoolte Stichprobe (aus beiden Regionen) errechnet. Auf dieser Grundlage können Bereichsschätzungen für die obere und die untere Kostengrenze vorgenommen werden.

Für die Erkrankungswahrscheinlichkeit bei den Atemwegserkrankungen weisen nur zwei Schichten signifikante Unterschiede auf (vgl. Tab. 16). Hiervon steht eines der signifikanten Ergebnisse im Widerspruch zu den Erwartungen. Für AOK-Versicherte, die zur untersten Altersklassse gehören, weiblichen Geschlechts sind und keine abgeschlossene Berufsausbildung besitzen, ist die Erkrankungswahrscheinlichkeit im Vergleichsgebiet gegenüber der im Belastungsgebiet erhöht. Insgesamt gesehen bestätigen sich hier nochmals die Resultate der multiplen Regressionsanalyse, bei der bezüglich der Erkrankungswahrscheinlichkeit keine signifikanten Unterschiede zwischen Belastungs- und Vergleichsgebiet festgestellt werden konnten. Bei den Herz- und Kreislauferkrankungen sind hingegen - mit einer Ausnahme - in sämtlichen Schichten signifikante Unterschiede in den Erkrankungswahrscheinlichkeiten festzustellen (vgl. Tab. 18).

Die Dauer der Arbeitsunfähigkeit weist über alle Schichten bei den Atemwegserkrankungen signifikante Unterschiede zwischen Belastungs- und Vergleichsgebiet auf (vgl. Tab. 17), wobei jeweils - wie erwartet wurde - die Erkrankungsdauer im Belastungsgebiet gegenüber der im Vergleichsgebiet erhöht ist. Minimal ist der Unterschied mit 1,5 Tagen in der Schicht Nr. 2 (Altersklasse 1, weiblich, mit abgeschlossener Berufsausbildung), maximal mit 12,1 Tagen in der Schicht Nr. 11 (Altersklasse 3, männlich, ohne Berufsausbildung). Für die Dauer der Herz- und Kreislauferkrankungen ergeben sich in der Hälfte der Schichten

TABELLE 16 SCHÄTZERGEBNISSE DES SCHICHTENMODELLS FÜR DIE ERKRANKUNGSWAHRSCHEINLICHKEIT IM JAHRE 1984 – ATEMWEGSERKRANKUNGEN –

	Schicht*)		Signifikante **) Unterschiede	Belastungsgebiet		Vergleichsgebiete	
Alters-klasse	Ge-schlecht	Aus-bildung		Relative Erkrankungs-häufigkeit	Konfidenzbereich	Relative Erkrankungs-häufigkeit	Konfidenzbereich
1	1	1	+	0,312	0,285 0,339	0,338	0,318 0,358
1	1	2	-				
1	2	1	-				
1	2	2	-				
2	1	1	-				
2	1	2	-				
2	2	1	-				
2	2	2	-				
3	1	1	-				
3	1	2	-				
3	2	1	+	0,194	0,179 0,210	0,168	0,157 0,180
3	2	2	-				

*) Altersklasse: 1 = unter 30 Jahre
2 = 30 bis unter 45 Jahre
3 = 45 Jahre und älter
Geschlecht: 1 = weiblich 2 = männlich
Ausbildung: 1 = ohne abgeschl. Berufsausbildung 2 = mit abgeschl. Berufsausbildung

**) χ^2-Signifikanztest: + = signifikant; - = nicht signifikant

TABELLE 17 SCHÄTZERGEBNISSE DES SCHICHTENMODELLS FÜR DIE ERKRANKUNGSDAUER IM JAHRE 1984
– ATEMWEGSERKRANKUNGEN –

| | Schicht*) | | Signifikante **) Unterschiede | Belastungsgebiet | | Vergleichsgebiete | |
| | | | | Relative Erkrankungshäufigkeit | Konfidenzbereich | Relative Erkrankungshäufigkeit | Konfidenzbereich |
Altersklasse	Geschlecht	Ausbildung					
1	1	1	- +	13,1	12,0 14,3	9,6	9,1 10,1
1	1	2	+	10,8	10,0 11,8	9,3	8,8 9,8
1	2	1	+	11,2	10,6 11,9	8,5	8,1 8,9
1	2	2	+	10,5	10,0 11,1	7,6	7,3 7,9
2	1	1	+	16,7	15,3 18,2	12,4	11,6 13,2
2	1	2	+	15,5	14,0 17,2	10,8	10,1 11,7
2	2	1	+	16,5	15,2 18,0	11,4	10,6 12,7
2	2	2	+	13,2	12,5 13,9	9,6	9,1 10,0
3	1	1	+	20,3	19,0 21,6	15,7	14,9 16,5
3	1	2	+	20,8	18,5 23,5	13,2	12,1 14,3
3	2	1	+	29,9	27,1 33,0	17,8	16,5 19,2
3	2	2	+	22,8	21,1 24,7	16,0	15,0 17,1

*) Altersklasse: 1 = unter 30 Jahre   Geschlecht: 1 = weiblich   Ausbildung: 1 = ohne abgeschl. Berufsausbildung
      2 = 30 bis unter 45 Jahre   2 = männlich   2 = mit abgeschl. Berufsausbildung
      3 = 45 Jahre und älter

**) χ^2-Signifikanztest: + = signifikant; - = nicht signifikant

TABELLE 18 SCHÄTZERGEBNISSE DES SCHICHTENMODELLS FÜR DIE ERKRANKUNGSWAHRSCHEINLICHKEIT IM JAHRE 1984 – HERZ– UND KREISLAUFERKRANKUNGEN –

	Schicht*)		Signifikante **) Unterschiede	Belastungsgebiet			Vergleichsgebiete		
Alters-klasse	Ge-schlecht	Aus-bildung		Relative Erkrankungs-häufigkeit	Konfidenzbereich		Relative Erkrankungs-häufigkeit	Konfidenzbereich	
1	1	1	+	0,079	0,064	0,096	0,046	0,038	0,056
1	1	2	-						
1	2	1	+	0,038	0,030	0,047	0,021	0,016	0,027
1	2	2	+	0,024	0,019	0,030	0,013	0,010	0,017
2	1	1	+	0,059	0,048	0,071	0,044	0,037	0,053
2	1	2	+	0,055	0,044	0,069	0,035	0,027	0,044
2	2	1	+	0,056	0,047	0,067	0,027	0,021	0,035
2	2	2	+	0,040	0,034	0,046	0,025	0,020	0,029
3	1	2	+	0,077	0,065	0,093	0,059	0,047	0,066
3	2	1	+	0,103	0,091	0,115	0,067	0,060	0,075
3	2	2	+	0,085	0,077	0,095	0,065	0,058	0,0712

*) Altersklasse: 1 = unter 30 Jahre   Geschlecht: 1 = weiblich   Ausbildung: 1 = ohne abgeschl. Berufsausbildung
2 = 30 bis unter 45 Jahre   2 = männlich   2 = mit abgeschl. Berufsausbildung
3 = 45 Jahre und älter

**) χ^2-Signifikanztest: + = signifikant; - = nicht signifikant

TABELLE 19 SCHÄTZERGEBNISSE DES SCHICHTENMODELLS FÜR DIE ERKRANKUNGSDAUER IM JAHRE 1984
– HERZ- UND KREISLAUFERKRANKUNGEN –

Schicht*)			Signifikante **) Unterschiede	Belastungsgebiet			Vergleichsgebiete		
Alters-klasse	Ge-schlecht	Aus-bildung		Relative Erkrankungs-häufigkeit	Konfidenzbereich		Relative Erkrankungs-häufigkeit	Konfidenzbereich	
1	1	1	-						
1	1	2	+	28,6	20,4	40,1	12,9	10,5	15,8
1	2	1	-						
1	2	2	+	15,9	12,8	19,9	8,3	6,8	10,2
2	1	1	+	28,0	22,9	34,1	17,9	14,9	21,5
2	1	2	-						
2	2	1	+	29,9	24,7	36,3	20,9	16,0	27,2
2	2	2	+	27,6	23,6	32,3	21,6	17,8	26,3
3	1	1	+	57,7	51,1	65,2	49,1	43,1	56,0
3	1	2	-						
3	2	1	-						
3	2	2	-						

*)   Altersklasse: 1 = unter 30 Jahre   Geschlecht: 1 = weiblich   Ausbildung: 1 = ohne abgeschl. Berufsausbildung
                   2 = 30 bis unter 45 Jahre   2 = männlich   2 = mit abgeschl. Berufsausbildung
                   3 = 45 Jahre und älter

**) χ^2-Signifikanztest: + = signifikant; - = nicht signifikant

signifikante Unterschiede (vgl. Tab. 19). In den signifikanten Schichten ist die Erkrankungsdauer mindestens um 6 Tage (mittlere Altersklasse, männlich, mit abgeschlossener Berufsausbildung) und maximal um 15,7 Tagen (Altersklasse 1, weiblich, mit abgeschlossener Berufsausbildung) im Belastungsgebiet gegenüber dem Vergleichsgebiet erhöht.

6.2 Ökonomische Bewertung

6.2.1 Umsetzung statistischer Schätzwerte in Kostengrößen

Den Ergebnissen der statistischen Datenauswertung zufolge sind für bestimmte Bevölkerungsgruppen Erkrankungshäufigkeit und -dauer im Belastungsgebiet mit großer Wahrscheinlichkeit höher als in den Vergleichsgebieten. Obwohl es sich hierbei nicht um eindeutig kausale Wirkungsbeziehungen handelt, kann dennoch von einem statistisch gesicherten Zusammenhang zwischen Krankheitsgeschehen und der Belastungssituation ausgegangen werden. Mit anderen Worten: es sind mehr oder weniger starke Indizien für das Vorliegen umweltbedingter Gesundheitseffekte vorhanden. Da diese Ergebnisse auf der Auswertung von Krankenkassendaten einer relativ engbegrenzten Region basieren, zudem nicht auf die unterschiedlichen Immissionsverhältnisse im Belastungsgebiet abheben, bedarf es zusätzlicher Untersuchungen, um die Modellannahmen für die Kostenabschätzung weiter abzusichern. Die unter verschiedenen Gesichtspunkten erfolgte Auswertung des Datenmaterials ermöglichte gleichwohl die Ableitung von statistischen Schätzgrößen mit einer relativ hohen Verläßlichkeit, auch wenn so bedeutsame Einflußfaktoren, wie Raucherverhalten, Heizstruktur, Wohndauer, Bevölkerungsdichte u. ä. nicht explizit mit in die Untersuchung aufgenommen werden konnten (vgl. hierzu Kapitel 3.2).

Grundlage der ökonomischen Bewertung sind die im Rahmen der Schichtenanalyse berechneten statistischen Schätzgrößen über die relative Häufigkeit und mittlere Erkrankungsdauer von Arbeitsunfähigkeitsfällen. Unterschieden wird nach den Diagnosegruppen "Atemwegserkrankungen" und "Herz- und Kreislauferkrankungen" sowie nach den soziodemographischen Merkmalen "Lebensalter", "Geschlecht" und "Ausbildung". An Kostenkategorien werden berücksichtigt:

- Ausgaben für die ambulante und stationäre Behandlung,

- Krankengeld- und Lohnfortzahlungen.

Mit diesen Kostenkategorien werden sowohl die direkten Krankheitsfolgekosten im Gesundheitswesen erfaßt als auch die volkswirtschaftlichen Verluste durch verlorene Arbeitstage ökonomisch bewertet (Arbeitsausfallkosten). Bezugsgröße für die Berechnungen sind die durchschnittlichen Kosten pro Arbeitsunfähigkeitstag. Wie aus dem folgenden Rechenansatz hervorgeht, werden diese mit den im Belastungsgebiet zusätzlich auftretenden Arbeitsunfähigkeitstagen multipliziert. Hieraus ergeben sich als Schätzgrößen die zusätzlichen Krankheitsfolgekosten im Belastungsgebiet pro Jahr aufgrund überhöhter Arbeitsunfähigkeit (Bezugsjahr 1984).

$$K = c \sum_{l} \sum_{r} v_r^B \left(h_{l,r}^B \cdot d_{l,r}^B - h_{l,r}^{\bar{B}} \cdot d_{l,r}^{\bar{B}} \right)$$

Hier bedeuten:

K = Zusätzliche Krankheitsfolgekosten in luftverunreinigten Gebieten pro Jahr

c = Behandlungs- und Entgeltfortzahlungskosten (einschl. Krankengeld) pro Arbeitsunfähigkeitstag

V = Anzahl der erwerbstätigten Versicherten
(sozialversicherungspflichtige Erwerbstätige)

h = Erkrankungswahrscheinlichkeit (Eintritt eines Arbeitsunfähigkeitsfalles)

d = Erkrankungsdauer (Anzahl der Arbeitsunfähigkeitstage)

l = Krankheitsart (l = Atemwegserkrankungen, 2 =
Herz- und Kreislauferkrankungen)

r = Soziodemographische Merkmale (r = i, j, k für die
Altersgruppe i, das Geschlecht j, und die Ausbildung k)

B = Immissionsgebiet

B̄ = Vergleichsgebiet

Sowohl für die ambulante und stationäre Behandlung als auch
für die Krankengeldzahlungen liegen Statistiken über die
jährlichen Ausgaben der Ortskrankenkassen vor. Darin sind
auch Angaben über Anzahl der Arbeitsunfähigkeitstage ent-
halten, so daß die Durchschnittskosten für die stationäre
Behandlung und Krankengeldzahlungen pro Arbeitsunfähigkeitstag berechnet werden können. Bei den ambulanten Behandlungskosten muß der Anteil der Gesamtausgaben bestimmt
werden, soweit sie mit den Arbeitsunfähigkeitsfällen im Zusammenhang stehen. Unter Bezugnahme auf eine Untersuchung
von SCHRÄDER et al. (34) werden hierfür 25 % als Näherungs-
größe angesetzt. Zur Berechnung der Lohnfortzahlungskosten
pro Arbeitsunfähigkeitstag wird auf die Ergebnisse einer
Untersuchung von GUT und STEFFENS, 1981 (11) zurückgegrif-
fen und der entsprechende Wert mittels Angaben des Statistischen Bundesamtes über die Einkommensentwicklung auf das
Bezugsjahr 1984 hochgerechnet. In Tabelle 20 sind die jeweiligen Kostenansätze wiedergegeben. Die durch-

schnittlichen Ausgaben pro Arbeitsunfähigkeitstag (c) belaufen sich danach auf insgesamt DM 120,80 (Bezugsjahr 1984).

TABELLE 20 DURCHSCHNITTLICHE AUSGABEN DER KRANKENKASSEN PRO ARBEITSUNFÄHIGKEITSTAG IM UNTERSUCHUNGSRAUM (BEZUGSJAHR 1984)

Kostenkategorie	Ausgaben pro AU-Tag (DM)
Ambulante Behandlung (einschl. Verordnungen)	5,70
Stationäre Behandlung	26,20
Krankengeld	15,90
Lohnfortzahlung	73,00
Insgesamt	120,80

Quelle: Bundesverband der Allgemeinen Ortskrankenkassen; eigene Berechnungen

6.2.2 Ergebnis der Kostenschätzung

Die Ergebnisse der Kostenschätzung einschließlich der hierzu erforderlichen Eingabedaten gehen aus den Tabellen 21 und 22 hervor. Wie hieraus ersichtlich, unterscheiden sich für die Gruppe der Atemwegserkrankungen die relativen Erkrankungshäufigkeiten in den beiden Gebietskategorien kaum, während in bezug auf die mittleren Erkrankungsdauern nahezu durchgängig positive Abweichungen vorliegen. Hinsichtlich der Gruppe der Herz- und Kreislauferkrankungen sind dagegen die Unterschiede bei den relativen Erkrankungshäufigkeiten stärker ausgeprägt.

TABELLE 21 ERGEBNISSE DER ÖKONOMISCHEN BEWERTUNG DER GESUNDHEITSSCHÄDEN IM BELASTUNGSGEBIET FÜR DAS JAHR 1984 – ATEMWEGSERKRANKUNGEN –

| Schicht[*) | | | Zahl der Versicherten im Belastungsgebiet | Relative Erkrankungshäufigkeit [**] | | Mittlere Erkrankungsdauer (Tage) [**] | | Volkswirtschaftliche Zusatzkosten durch Gesundheitsschäden im Belastungsgebiet | |
| | | | | Belastungsgebiet | Vergleichsgebiete | Belastungsgebiet | Vergleichsgebiete | | |
Altersklasse	Geschlecht	Ausbildung	V_r^B	$h_{l,r}^B$	$h_{l,r}^{\overline{B}}$	$d_{l,r}^B$	$d_{l,r}^{\overline{B}}$	1.000 DM/a	DM/Versicherter
1	1	1	1.152	0,312	0,338	13,1	9,6	117,2	101,7
1	1	2	1.174	0,294		10,8	9,3	62,5	53,2
1	2	1	2.079	0,319		11,2	8,5	216,3	104,0
1	2	2	2.986	0,256		10,5	7,6	267,8	89,7
2	1	1	1.775	0,228		16,7	12,4	210,2	118,4
2	1	2	1.310	0,200		15,5	10,8	148,8	113,6
2	2	1	2.250	0,210		16,5	11,4	291,1	129,4
2	2	2	4.178	0,204		13,2	9,6	370,7	88,7
3	1	1	4.019	0,195		20,3	15,7	435,5	108,4
3	1	2	1.472	0,171		20,8	13,2	231,1	157,0
3	2	1	2.512	0,194	0,168	29,9	17,8	852,8	339,5
3	2	2	3.851	0,171		22,8	16,0	540,9	140,5
Insgesamt			28.758					3.744,9	130,2

[*)   Altersklasse: 1 = unter 30 Jahre   Geschlecht: 1 = weiblich   Ausbildung: 1 = ohne abgeschl. Berufsausbildung
                   2 = 30 bis unter 45 Jahre   2 = männlich   2 = mit abgeschl. Berufsausbildung
                   3 = 45 Jahre und älter

[**)   Bei nicht signifikanten Unterschieden wird das gewichtete Mittel aus beiden Teilstichproben (Für Belastungs- und Vergleichsgebiet) den Berechnungen zugrunde gelegt.

TABELLE 22 ERGEBNISSE DER ÖKONOMISCHEN BEWERTUNG DER GESUNDHEITSSCHÄDEN IM BELASTUNGSGEBIET FÜR DAS JAHR 1984 – ATEMWEGSERKRANKUNGEN –

| | Schicht[*] | | Zahl der Versicherten im Belastungsgebiet | Relative Erkrankungshäufigkeit [**] | | Mittlere Erkrankungsdauer (Tage) [**] | | Volkswirtschaftliche Zusatzkosten durch Gesundheitsschäden im Belastungsgebiet | |
| | | | | Belastungsgebiet | Vergleichsgebiete | Belastungsgebiet | Vergleichsgebiete | | |
Altersklasse	Geschlecht	Ausbildung	V_r^B	$h_{l,r}^B$	$h_{l,r}^{\overline{B}}$	$d_{l,r}^B$	$d_{l,r}^{\overline{B}}$	1.000 DM/a	DM/Versicherter
1	1	1	1.152	0,079	0,046		11,8	54,2	47,0
1	1	2	1.174		0,042	28,6	12,9	93,5	79,6
1	2	1	2.079	0,038	0,021		12,5	53,3	25,7
1	2	2	2.986	0,024	0,013	15,9	8,3	98,7	33,1
2	1	1	1.775	0,059	0,044	28,0	17,9	185,3	104,4
2	1	2	1.310	0,055	0,035		25,5	80,7	61,6
2	2	1	2.250	0,056	0,027	29,9	20,9	301,7	134,1
2	2	2	4.178	0,040	0,025	27,6	21,6	284,7	68,1
3	1	1	4.019	0,097	0,064	57,7	49,1	1191,7	296,5
3	1	2	1.472	0,077	0,059		53,6	171,6	116,6
3	2	1	2.512	0,103	0,067		75,1	820,4	326,6
3	2	2	3.851	0,085	0,065		68,8	640,1	166,2
Insgesamt			28.758					3.976,0	138,3

[*]   Altersklasse: 1 = unter 30 Jahre   Geschlecht: 1 = weiblich   Ausbildung: 1 = ohne abgeschl. Berufsausbildung
                               2 = 30 bis unter 45 Jahre   2 = männlich   2 = mit abgeschl. Berufsausbildung
                               3 = 45 Jahre und älter

[**]   Bei nicht signifikanten Unterschieden wird das gewichtete Mittel aus beiden Teilstichproben (Für Belastungs- und Vergleichsgebiet) den Berechnungen zugrunde gelegt.

Insgesamt errechnen sich für das gewählte Belastungsgebiet zusätzlich Krankheitsfolgekosten in Höhe von rd. 7,7 Mio. DM im Jahr 1984, wovon jeweils etwa die Hälfte auf die beiden Krankheitsgruppen entfallen. Pro Versicherten (sozialversicherungspflichtig Erwerbstätige) ergeben sich Zusatzkosten von durchschnittlich 268,50 DM pro Jahr. Es fällt auf, daß die Gruppe der männlichen Versicherten mit einem Lebensalter von 45 und mehr Jahren und ohne abgeschlossene Berufsausbildung mit insgesamt 666,10 DM pro Jahr den höchsten Wert aufweist.

Auf der Grundlage der Konfidenzbereiche für die einzelnen Schätzwerte zu Erkrankungswahrscheinlichkeit und -dauer (vgl. Tab. 16 bis 19 in Abschnitt 6.1.2) werden Schwankungsbereiche für den Kostenschätzwert in den beiden relevanten Erkrankungsgruppen errechnet. Danach ergeben sich für die Gruppe der Atemwegserkrankungen als Untergrenze 1,9 Mio DM/a und als Obergrenze 5,8 Mio DM/a, für die Gruppe der Herz- und Kreislauferkrankungen als Untergrenze 0,9 Mio DM/a und als Obergrenze 7,8 Mio DM/a (vgl. Tab. 23 und 24). Die Ermittlung von Schwankungsbereichen ist erforderlich, weil die Schätzwerte für die Gesundheitsindikatoren lediglich auf einer Stichprobe beruhen und nur eine Bevölkerungsgruppe (eine Auswahl von AOK-Versicherten) erfaßt wurde. Der wahre Wert wird von den Schätzwerten mehr oder weniger stark abweichen. Bezieht man die Kosten auf die Anzahl der Versicherten, so schwanken die Werte für die Atemwegserkrankungen von 66,07 DM bis 201,30 DM je Versicherten und für die Herz- und Kreislauferkrankungen von 30,60 DM bis 270,00 DM je Versicherten. Die relativ großen Schwankungsbreiten müssen im Zusammenhang mit den zum Teil geringen Fallzahlen in den einzelnen Schichten gesehen werden.

Bei der Interpretation der Ergebnisse gilt es, festzuhalten, daß es sich um Schätzwerte auf der Grundlage eines statistischen Schichtenmodells handelt, in das notwendigerweise nicht alle gesundheitsrelevanten Einflußfaktoren Ein-

TABELLE 23 VOLKSWIRTSCHAFTLICHE ZUSATZKOSTEN DURCH GESUNDHEITSSCHÄDEN IM BELASTUNGSGEBIET IM JAHRE 1984: BEREICHSSCHÄTZWERTE – ATEMWEGSERKRANKUNGEN –

| Alters-klasse | Schicht *) | | Untergrenze | Obergrenze | Untergrenze | Obergrenze |
	Ge-schlecht	Aus-bildung	1000 DM/a		DM/ Versicherten	
1	1	1	-27,2	271,9	-23,6	230,0
1	1	2	7,9	131,5	6,7	112,0
1	2	1	131,1	316,6	63,0	152,4
1	2	2	186,3	364,6	62,4	122,1
2	1	1	96,8	341,1	54,5	192,1
2	1	2	68,1	241,6	52,0	184,4
2	2	1	135,2	446,5	60,1	198,5
2	2	2	247,3	516,0	59,2	123,5
3	1	1	227,0	660,3	56,5	164,3
3	1	2	119,5	375,0	81,2	254,8
3	2	1	423,3	1316,8	168,5	524,2
3	2	2	303,3	807,7	78,8	209,7
Insgesamt			1918,5	5789,9	66,7	201,3

*) Altersklasse: 1 = unter 30 Jahre   Geschlecht: 1 = weiblich   Ausbildung: 1 = ohne abgeschl. Berufsausbildung
2 = 30 bis unter 45 Jahre   2 = männlich   2 = mit abgeschl. Berufsausbildung
3 = 45 Jahre und älter

TABELLE 24 VOLKSWIRTSCHAFTLICHE ZUSATZKOSTEN DURCH GESUNDHEITSSCHÄDEN IM BELASTUNGSGEBIET IM JAHRE 1984: BEREICHSSCHÄTZWERTE – HERZ– UND KREISLAUFERKRANKUNGEN –

Alters-klasse	Schicht *) Ge-schlecht	Aus-bildung	Untergrenze	Obergrenze	Untergrenze	Obergrenze
			1000 DM/a		DM/ Versicherten	
1	1	1	11,6	109,0	10,1	94,6
1	1	2	22,8	205,7	19,4	175,2
1	2	1	8,0	114,5	3,8	55,0
1	2	2	25,2	190,8	8,4	63,0
2	1	1	-8,6	400,9	-4,9	225,9
2	1	2	0,0	202,1	0,0	154,2
2	2	1	56,8	569,7	25,2	253,2
2	2	2	20,0	570,2	4,8	136,5
3	1	1	252,8	2173,4	62,9	540,8
3	1	2	-8,1	517,0	-5,5	351,2
3	2	1	325,8	1401,9	129,7	558,1
3	2	2	173,3	1310,0	45,0	340,1
Insgesamt			879,6	7764,9	30,6	270,0

*) Altersklasse: 1 = unter 30 Jahre
2 = 30 bis unter 45 Jahre
3 = 45 Jahre und älter

Geschlecht: 1 = weiblich
2 = männlich

Ausbildung: 1 = ohne abgeschl. Berufsausbildung
2 = mit abgeschl. Berufsausbildung

gang finden konnten (vgl. hierzu Abschn. 3.2).
Unsicherheitsmomente ergeben sich ferner im Zusammenhang
mit der begrenzten Aussagekraft von Krankenkassendaten,
(vgl. hierzu Abschn. 7.1). Die den Ergebnissen der Kosten-
berechnung anhaftende Unsicherheit kann jedoch durch Berücksichtigung weiterer Einflußfaktoren, durch Vergrößerung
der Datenbasis und durch Verfeinerung des statistischen
Schätzverfahrens reduziert werden.

7. KRITISCHE WÜRDIGUNG DER RESULTATE

7.1 Abbildung von Gesundheitsschäden durch Krankenkassendaten

Bei der Beurteilung der Aussagekraft von Krankenkassendaten werden häufig folgende Argumente vorgebracht:

- Die erfaßten Krankenkassendaten bilden nicht vollständig den tatsächlichen Gesundheitszustand der in den unterschiedlichen Räumen lebenden Bevölkerung ab. Die ärztlichen Behandlungsfälle, d. h. die Inanspruchnahme ärztlicher Leistungen und ihre Dokumentation in den Krankenkassendaten spiegeln nur zum Teil die gesundheitlichen Beeinträchtigungen wider.

- Die Möglichkeiten zur Inanspruchnahme von Arbeitsunfähigkeit können je nach Arbeitsplatzsituation eingeschränkt sein. Hier spielen Faktoren, wie die Angst vor Verlust des Arbeitsplatzes, innerbetriebliche Umsetzungen oder Einkommenseinbußen eine Rolle. Solche Einflüsse gewinnen mit zunehmender Dauer und Häufigkeit der Arbeitsunfähigkeit an Bedeutung. Es kann also vorkommen, daß trotz Krankheit und eingeschränkter Leistungsfähigkeit für den betroffenen Arbeitnehmer keine Arbeitsunfähigkeitsmeldung erfolgt. Bei anhaltend hoher Arbeitslosigkeit finden außerdem gesundheitlich vorbelastete Personen nur schwer einen Arbeitsplatz, so daß ein Teil der "Risikogruppen" in der Bevölkerung von der Arbeitsunfähigkeitsstatistik der Krankenkassen von vornherein ausgeschlossen ist. Auch können regionale Unterschiede in der Arbeitslosigkeit dazu führen, daß ältere Arbeitnehmer in bestimmten Regionen ihren Arbeitsplatz verlieren und in der regionalen Arbeitsunfähigkeitsstatistik der Krankenkasse nicht mehr erscheinen. Die Arbeitslosenquoten im Belastungsgebiet liegen über denen im Vergleichsgebiet. Im einzelnen zeigen sie für 1984 das folgende Bild: Alle Werte für das Belastungsgebiet liegen über 14 %. Den Spitzenwert weist die Stadt Gelsenkirchen mit 18,7 % auf. Von den 21 Gemeinden des Vergleichsgebiets haben 12 Arbeitslosenquoten unter 11 %, zwischen 12 % und 14 % liegen 4 Gemeinden, die restlichen 5 weisen mit den Werten des Belastungsgebiets vergleichbare Quoten über 14 % auf. In diesem Zusammenhang erscheint es plausibel, daß sich die Versicherten im Belastungsgebiet aus Angst vor Verlust des Arbeitsplatzes bei weniger gravierenden Erkrankungen nicht arbeitsunfähig melden, d. h. nur schwere und damit länger andauernde Erkrankungen werden erfaßt. Dies liefert möglicherweise einen Erklärungsansatz für die fehlenden Unterschiede bei der Häufigkeit von Atemwegserkrankungen. In bezug auf die Arbeitsplatzsituation spielt auch die Betriebsgröße (fehlende soziale Kontrolle) und somit die örtliche Industriestruktur eine Rolle. Mitunter wird behauptet, daß manche Betriebe Arbeitskräfte krankmelden, um vorübergehend Absatzeinbrüche zu überbrücken oder daß kleine Betriebe häufig erkrankte Arbeitnehmer vorzeitig entlassen.

- Das Inanspruchnahmeverhalten bezüglich ärztlicher Leistungen unterscheidet sich bevölkerungsschichtenspezifisch. Darüber hinaus wird die Inanspruchnahme durch das örtliche Angebot medizinischer Leistungen (z. B. Entfernung zum Arzt, Ärztedichte, Ärzteverhalten etc.) bestimmt.

- Insbesondere hinsichtlich der Einflußfaktoren "Lebensalter" und "Geschlecht" ist grundsätzlich von unterschiedlichen Bedingungen bei der Entstehung von Arbeitsunfähigkeit auszugehen: Ältere Arbeitnehmer neigen zu längeren und häufigeren Arbeitsausfallzeiten infolge der zunehmenden Erkrankungshäufigkeit. Andererseits vermindert sich die Bereitschaft, die Arbeitsunfähigkeit in Anspruch zu nehmen, wenn eine berufliche Benachteiligung befürchtet

wird. Auch für Frauen besteht grundsätzlich die Tendenz zu
häufigerer Arbeitsunfähigkeit. Gründe können die
Doppelbelastung durch Erwerbsarbeit und familiäre Ver-
pflichtungen sowie die mit der Schwangerschaft verbundenen
Erkrankungen sein.

- Von den Krankenkassen wird nur ein Teil der persönlichen
Merkmale der Versicherten erfaßt. Unberücksichtigt bleiben
somit wichtige Einflußfaktoren wie z. B. der Tabakkonsum,
Wohnverhältnisse, Heizstruktur usw. Solche Faktoren werden
in epidemiologischen Untersuchungen im Rahmen der Luftreinhaltepläne z. T. berücksichtigt.

- Der Wechsel der Beschäftigung oder der Berufsausübung der
Versicherten stellt einen weiteren Unsicherheitsfaktor dar.
Ein vormals beruflich belasteter Arbeitnehmer kann in einen
Beruf übergewechselt sein, in dem er keinen arbeitsplatz-
bedingten Belastungen ausgesetzt ist. Aufgrund seiner früheren Tätigkeit kann er jedoch unter einer Folgeerkrankung
leiden.

- Die Verläßlichkeit von Diagnoseangaben auf Kassenunterla-
gen wird häufig in Frage gestellt. Obwohl der ICD-Schlüssel
ein einheitliches Schema für die Diagnosezuordnung zu einer
bestimmten Krankheitsart liefert, spielen eine Reihe von
Unsicherheitsfaktoren, wie vor allem bei der Erstellung der
Erstdiagnosen, eine große Rolle. Diagnoseangaben auf
Krankenhausentlassungsscheinen werden grundsätzlich als
treffsicherer angesehen als solche aus dem Bereich der
ambulanten Behandlung.

- Der Wohnortwechsel eines Versicherten wird von den AOK's
nicht gespeichert. Somit können Wanderungsbewegungen (Zuzüge und Abwanderungen) im Rahmen dieser Untersuchung nicht
berücksichtigt werden. Da sich jedoch die Mehrzahl von
Wanderungsbewegungen kleinräumig abspielt und tendenzmäßig
die Zuzüge in weniger belastete Regionen überwiegen, ist
infolge dieses Störfaktors eher eine Nivellierung der
Unterschiede zwischen Belastungs- und Vergleichsgebiet zu

erwarten. Dies würde zu einer Unterschätzung der Krankheitsfolgekosten führen.

- Krankheiten, die aus zeitlich weit zurückliegenden Immissionsbelastungen resultieren, können nicht von solchen unterschieden werden, die unmittelbar im Zusammenhang mit der aktuellen Immissionsbelastung stehen (vgl. Diskussion "Prävalenz"-versus "Inzidenzansatz"). Andererseits ist es möglich, die Krankenkassendaten unter dem Gesichtspunkt der Entstehung chronischer Erkrankungen (gegenüber akuten) auszuwerten, was möglicherweise Rückschlüsse auf das Vorhandensein von sog. Langzeitschäden erlaubt (vgl. Abschn. 7.2).

Demgegenüber werden aber für bestimmte Fragestellungen eine Reihe von Vorzügen in der Verwendung von Krankenkassendaten gesehen, wie u. a.:

- Die Krankenkassendaten bieten den Vorteil, räumliche Unterschiede im Krankenstand einer sehr großen Population aufzudecken. Massendaten sind vor allem dazu geeignet, tiefgegliederte Krankheitsdaten mit persönlichen Merkmalen wie Lebensalter, Geschlecht, berufliche Tätigkeit, Einkommen, Wohn- und Arbeitsort in unterschiedlichsten Kombinationen zu verknüpfen. So können nach gleichzeitig mehreren Merkmalen homogene (geschichtete) Teilpopulationen untersucht werden.

- Ein weiterer Vorteil der Krankenkassendaten besteht darin, daß sie über lange Zeiträume vorliegen. Veränderungen der Krankheitsereignisse können im Zeitablauf nach unterschiedlichen Gesichtspunkten wie z. B. Entwicklung der Immissionsbelastung in einer Region, Verschiebung der Diagnosestruktur in bezug auf bestimmte Bevölkerungsgruppen etc., untersucht werden.

- Positiv ist ferner anzumerken, daß die Krankenkassendaten
für Arbeitsunfähigkeits- bzw. Krankenhausfälle das gleich-
zeitige Auftreten unterschiedlicher Erkrankungen (Multimor-
bidität) festhalten und somit die Analyse der räumlichen
Verteilung der Erkrankungshäufigkeit von Risikogruppen ermöglicht wird.

- Von besonderem Vorteil sind die Krankenkassendaten inso-
fern, als sie zum Teil aktualisiert werden und somit prin-
zipiell eine Fortschreibung der Krankheitsverläufe zulassen
(dies ist z. B. bei epidemiologischen Erhebungen oder Be-
fragungsaktionen wegen des zu hohen Aufwands nur begrenzt
möglich). "Der Entstehungsprozeß der Arbeitsunfähigkeitsdiagnose und ihre patientbezogene Langzeitdokumentation
macht   sie   zu   einem   geeigneten   Untersuchungsobjekt
medizinsoziologischer Analysen ..." (L. v. Ferber, 1980
(9)).

- Obwohl durch das Dokumentationssystem der gesetzlichen
Krankenkassen die konkrete Beeinträchtigung des Individuums
durch Krankheit nicht vollständig erfaßt wird, die erstellte   Diagnose   als   Grundlage   der   ärztlichen   Lei-
stungsabrechnung mitunter "dramatisiert" wird, werden speziell   die   Arbeitsunfähigkeitsdaten   für   bestimmte   Fragestellungen als brauchbar angesehen. Bei Erfassung der
Gesundheitskosten kommt es primär auf die abgerechneten
medizinischen Leistungen an (ambulante bzw. stationäre Behandlung, Medikamenten-, Heil- und Hilfsmittelverbrauch).
Der konkrete Krankheitsverlauf wie z. B. Intensität der
Schmerzen, psychische Leiden infolge einer Krankheit etc.,
entzieht sich ohnehin der ökonomischen Bewertung.

- Die Krankenkassendaten werden als brauchbare Datengrundlage angesehen, raumspezifische Diagnosehäufungen mit soziodemographischen Merkmalen zu verknüpfen. "Auf diese
Weise könnten z. B. regionalisierte Gesundheitsatlanten
entstehen, aus denen die unterschiedliche Betroffenheit der
Bevölkerung von spezifischen Krankheiten hervorgeht. Dies

wäre ein erster Schritt zur Ursachenforschung und damit zu
einer präventiv orientierten regionalen Gesundheitspolitik"
(Hauß, F., 1985 (12)).

Für die Interpretation der Forschungsergebnisse der
vorliegenden Untersuchung sind darüber hinaus die folgenden
Gesichtspunkte von besonderer Bedeutung:

- Bei den von den Krankenkassen nach personenbezogenen und
diagnosespezifischen Merkmalen erfaßten Krankheitsfällen
handelt es sich nur um einen Ausschnitt der medizinischen
Versorgung. Lediglich bei den Arbeitsunfähigkeits- und
Krankenhausfällen werden die für die Untersuchung erforderlichen Merkmale dokumentiert. Dies ist im allgemeinen
nicht der Fall bei ambulanten Behandlungsfällen, soweit sie
nicht mit Arbeitsunfähigkeit verbunden sind (Dieser Bereich
wird jedoch neuerdings zunehmend von einzelnen Kassen
datenmäßig erfaßt).

- Die dieser Untersuchung zugrundegelegte Population stellt
lediglich die Gruppe der sozialversicherungspflichtig Erwerbstätigen einer bestimmten Krankenkasse dar und bildet
somit nicht die gesamte Bevölkerung der Untersuchungsregion
ab. Aus diesem Grunde sind die regionsspezifischen Merkmale
der Gesamtbevölkerung den Merkmalen der erfaßten Unter-
suchungspopulation gegenüberzustellen. Dieser Gesichtspunkt
ist im Hinblick auf eine spätere Übertragung der Untersuchungsergebnisse auf die Gesamtbevölkerung der Untersuchungsregion wichtig.

- Das im Rahmen der Untersuchung entwickelte Selektionsprogramm läßt es zu, Angehörige von Berufsgruppen, die Luftschadstoffen am Arbeitsplatz ausgesetzt sind, zunächst aus
der Analyse auszuklammern. Trotzdem sind Fälle denkbar, die
wegen allgemein-subjektiver Beschwerden (z. B. Herz- und
Kreislauf) krankgeschrieben werden. ("Entlastungsstrategie
zur Abwendung unmittelbarer Arbeitsbedingungen", Ferber, L.
v.).

- Auf der Grundlage der Krankenkassendaten ist bei den Krankheitsfällen, die innerhalb einer Arbeitsunfähigkeitsperiode gleichzeitig mehrere unterschiedliche Diagnosen aufweisen, die Bestimmung der Erkrankungsdauer nur annähernd möglich. Dies ist darauf zurückzuführen, daß nicht für jede Einzeldiagnose das zeitliche Ende der Erkrankung, sondern nur für die Arbeitsunfähigkeitsperiode insgesamt registriert wird. Durch Aggregierung artverwandter Diagnosen zu Krankheitsgruppen läßt sich die daraus resultierende Unsicherheit erheblich reduzieren.

- Unsicherheiten bei der Bestimmung der Erkrankungsdauer stationärer Behandlungsfälle ergeben sich insbesondere daraus, daß die Krankenhausverweildauern von Faktoren bestimmt sein können, die nichts mit der Art und dem Schweregrad der Erkrankung zu tun haben (z. B. Hinausschieben des Entlassungstermins, um den Auslastungsgrad medizinischer Einrichtungen zu verbessern).

- Zur Verringerung der Unsicherheit in bezug auf die Treffsicherheit der erstellten Diagnosen lassen sich artverwandte Einzelerkrankungen zu Krankheitsgruppen aggregieren.

- In den Krankheitsfällen, in denen innerhalb einer Arbeitsunfähigkeitsperiode mehrere unterschiedliche Diagnosen registriert werden, kann auf der Grundlage des herangezogenen Datenmaterials die räumliche Verteilung von Multimorbiditätsfällen untersucht werden. So ist es für gesundheitlich vorbelasteten Personen möglich, die Häufigkeit des Auftretens bestimmter Erkrankungen in Abhängigkeit von der Immissionssituation abzuschätzen. Über diagnosespezifische Sonderauswertungen des Datenmaterials können überdies Krankheitsarten mit überdurchschnittlich hoher Dauer und Häufigkeit nach Bevölkerungsgruppen und Immissions- bzw. Vergleichsgebieten identifiziert werden.

- Die tiefgegliederte Strukturierung des der Untersuchung zugrundegelegten Datenmaterials läßt es zu, die Arbeitsunfähigkeits- bzw. Krankenhausfälle für bestimmte Bevölkerungsgruppen diagnosespezifisch und unter Berücksichtigung individueller Merkmale zu identifizieren und ausgewählten Immissions- und Vergleichsgebieten zuzuordnen. Durch Bildung von homogenen Unterpopulationen lassen sich "Störvariablen" soweit sie räumliche Unterschiede aufweisen, wie insbesondere die regionale Alters-, Berufs- und Einkommensstruktur ausschalten. Gesundheitlich relevante Einflußfaktoren, soweit sie nicht von den Krankenkassendaten dokumentiert sind, müssen über die Auswertung von Sekundärdaten erfaßt werden (z. B. Untersuchungsergebnisse zur räumlichen Mobilität, Raucherverhalten etc.). Diese Einflußfaktoren finden jedoch teilweise insoweit bereits Berücksichtigung, als zwischen ihnen und bestimmten Krankenkassendaten mehr oder minder enge Korrelationen, wie z. B. zwischen Altersstruktur und Raucherverhalten, festgestellt werden können.

Resümee:

Wie die Erörterung der Vor- und Nachteile des der Untersuchung zugrundegelegten Datenmaterials zeigt, kann es sich angesichts der Vielfalt der auf den Gesundheitszustand einwirkenden Größen und zahlreichen Unsicherheitsfaktoren bei der Datenauswertung nicht um die Analyse kausaler Ursachen-Wirkungsbeziehungen, sondern nur um die Aufdeckung statistischer Auffälligkeiten sowie um die Ableitung von plausiblen und statistisch abgesicherten Hypothesen handeln. Die Verläßlichkeit der hierauf basierenden Kostenschätzung läßt sich aber durch Vergrößerung des zugrundegelegten Datenmaterials, insbesondere durch Erhöhung der diagnose-, bevölkerungsgruppen- und gebietsspezifischen Fallzahlen verbessern. Besondere Bedeutung kommt hierbei der diagnosespezifischen Verlaufsanalyse von Krankheitsfällen im Rahmen von Zeitreihenanalysen zu. Diese hätte vor allem die Änderungen von Einfluß- und Störvariablen (wie z. B. Immissionsbelastung, berufliche Tätigkeit etc.) miteinzubeziehen.

7.2 Überprüfung der Validität der Krankenkassendaten (Plausibilitätsbetrachtungen)

Um vor dem Hintergrund der genannten Einschränkungen zu einer weiteren Absicherung der in der Studie gewonnenen Ergebnisse zu gelangen, werden im folgenden spezielle Betrachtungen zur Plausibilität des Datenmaterials vorgenommen. Zunächst werden die Jahresgänge der Erkrankungsfälle genauer analysiert. Hierbei erfolgt zum einen die Gegenüberstellung der Monatswerte der Erkrankungszahlen zu Klima- und Luftverunreinigungsdaten für die Jahre 1981 bis 1985, zum anderen werden gleitende 7-Tage-Mittel der Erkrankungsdaten für 1985 betrachtet, um eventuell Besonderheiten, die erst bei kurzzeitiger Betrachtung zum Vorschein kommen, aufzudecken.

Ein zentrales Problem ist überdies in der Zuverlässigkeit der im Zusammenhang mit Arbeitsunfähigkeit gestellten Diagnosen zu sehen. Zur weiteren Absicherung der Untersuchungsergebnisse wird deshalb innerhalb der Erkrankungsgruppen weiter nach chronischen und akuten Erkrankungen differenziert. Geprüft wird, inwieweit die Annahme, wonach in luftverunreinigten Gebieten chronische Erkrankungen häufiger auftreten als die akuten Erkrankungen, durch die Krankenkassendaten gestützt wird.

Gegenüberstellung von Monatswerten

Zur Aufdeckung möglicher Widersprüche werden im folgenden Monatswerte der Luftverschmutzungs- und Erkrankungsdaten im Zeitraum von 1981 bis 1985 einander gegenübergestellt.

Hierbei werden die 95 %-Perzentil-Werte, die die Spitzenbe-
lastung wiedergeben, den Monatsmittelwerten vorgezogen, da
insbesondere den peakförmigen extremen Erhöhungen der
Luftverunreinigung akute Wirkungen auf den Gesundheitszustand zugeschrieben werden. Falls ein direkter Zusammenhang
zwischen den Luftverunreinigungen einerseits und den
betrachteten Erkrankungen andererseits bestehen sollte, so
könnte er sich darin zeigen, daß relative Maxima der
Erkrankungen mit hohen Werten der Luftbelastung einher-
gehen. Da in den belasteten Teilgebieten des Untersuchungsraumes sowohl monatliche Krankendaten als auch monatliche Daten zur Immissionssituation (TEMES-Stationen der
Landesanstalt für Immissionsschutz in Essen) vorliegen,
soll in diesem Kapitel untersucht werden, ob sich Extrema
in den Erkrankungszahlen (Maxima und Minima) durch Extrema
in den Luftschadstoffen erklären lassen. Dabei wird gleichzeitig darauf geachtet, ob eine zeitliche Verzögerung in
den Krankendaten gegenüber den Immissionsdaten vorliegt.

In der Abbildung 5, in der beispielhaft die 95 %-Perzentil-
Monatswerte des Schwefeldioxids sowie die Krankendaten bezüglich der chronischen und akuten Atemwegserkrankungen ab-
getragen sind, ist ein nahezu gleichförmiges Verhalten der
Kurvenverläufe zu erkennen. Waren im Januar der Jahre 1981
und 1985 die SO_2-Immissionswerte maximal, so zeigen auch
die Atemwegserkrankungen gleichzeitig hohe Werte. Dabei mö-
gen die hohen Erkrankungszahlen in den Monaten März '84 sowie Februar und März '85 auch noch mit den hohen
Luftbelastungen der Vormonate in Verbindung stehen. Weniger
direkt lassen sich die Minimalwerte der SO_2-Belastung und
Minimalwerte bei den Atemwegserkrankungen in Verbindung
bringen, d. h. es sind anzahlmäßig weniger Monate (bzw.
Vormonate) gleichzeitig durch wenige Atemwegserkrankungen
und geringe SO_2-Belastungen gekennzeichnet. Insbesondere
die chronischen Atemwegserkrankungen gehen bei niedrigen
SO_2-Belastungen kaum zurück. Andererseits kommt es nie vor,
daß die SO_2-Belastung sehr hohe (sehr niedrige) Werte auf-

weist und gleichzeitig oder im nachfolgenden Monat die Atemwegserkrankungen extreme Werte in gegenläufiger Richtung aufzeigen.

Dieser Sachverhalt liegt anders bei den Herz- und Kreislauferkrankungen (Abb. 6). Hier fallen relative Maxima der Luftbelastung z. B. im Februar 1984 und 1985 mit relativen Minima der akuten Herz- und Kreislauferkrankungen zusammen. Sogar das Aufeinanderfolgen zweier hochbelasteter Monate wie des Januars und Februars 1985 stehen einem relativen Minimum in den Erkrankungszahlen im Februar 1985 gegenüber. Entsprechend findet man auch nur wenige gleichsinnige Übereinstimmungen zwischen den extremen SO_2-Belastungen und den Herz- und Kreislauferkrankungen. Lediglich Januar und Februar 1985 zeichneten sich bei den chronischen Erkrankungen aus, da hier auch die Luftbelastung gleichzeitig extrem war. Der August 1982, der bei den Atemwegserkrankungen ein Minimum anzeigt, weist auch wenige akute Herz- und Kreislauferkrankungen auf.

Analog zum zeitlichen Verlauf der SO_2-Belastung wurden die Jahresgänge von NO, NO_2, CO, Schwebstaub und Ozon den Erkrankungszahlen gegenübergestellt. Die Resultate dieser Analysen lassen sich folgendermaßen zusammenfassen: Ein großer Teil der Maxima und Minima in den Erkrankungszahlen insbesondere der Atemwegserkrankungen kann in direkten Zusammenhang mit der Immissionssituation in dem Untersuchungsgebiet gebracht werden. Die chronischen Herz- und Kreislauferkrankungen zeigen seltener und damit weniger deutlich ein gleichsinniges Verhalten. Oft scheint es hier so zu sein, daß trotz erhöhter (niedriger) Luftbelastung insbesondere akute Herz- und Kreislauferkrankungen vermindert (vermehrt) auftreten.

Für das gesamte Vergleichsgebiet ist eine Gegenüberstellung der Jahresverläufe von Erkrankungszahlen zu den Schadstoffbelastungen nicht möglich, da in den ausgewählten Teilgebieten keine kontinuierlichen Messungen durchgeführt

werden. Gleichwohl sei kurz auf den zeitlichen Verlauf der
Erkrankungen in den einzelnen Vergleichsgebieten eingegangen. Dabei werden insbesondere Übereinstimmungen bzw.
Gegensätzlichkeiten im Vergleich zur Entwicklung im Belastungsgebiet herausgearbeitet.

Die akuten Atemwegserkrankungen zeigen ähnlich wie im Belastungsgebiet auch in den Vergleichsgebieten einen deutli-
chen Jahresgang. Sehr hoch sind die Erkrankungszahlen jeweils von Januar bis März, am niedrigsten im Juli und August. Auffallend sind der Januar und Februar 1985, in denen
die Erkrankungszahlen in den Vergleichsgebieten über denen
der Belastungsgebiete lagen. Dasselbe war im März 1982,
April 1984 und Herbst 1984 der Fall (vgl. Abb. 5 und 7).
Auch die chronischen Atemwergserkrankungen zeigen - wenn
auch schwächer - eine ähnlichen Jahresgang wie die akuten
Atemwegserkrankungen. Die Größenordnung der Zahlen im Vergleichsgebiet entspricht in etwa der im Belastungsgebiet.
Größere Unterschiede träten nur im Januar und Februar 1985
und im Januar 1983 auf, als in den einzelnen Vergleichsgebieten erheblich mehr Erkrankungen gemeldet wurden als im
Belastungsgebiet (vgl. Abb. 5 und 7). Bei den akuten Herz-
und Kreislauferkrankungen ist - wie auch im Belastungsgebiet - kein eindeutiger Jahresgang festzustellen. Die abso-
lute Höhe der Zahlen entsprechen sich in etwa in den beiden
Gebieten.

Die einzige Erkrankungsart, bei der die Erkrankungszahlen
im Belastungsgebiet stets über denen der Vergleichsgebiete
liegen, sind die chronischen Herz- und Kreislauferkrankungen (vgl. Abb. 6 und 8). Ein leichter Jahresgang ist
in den Vergleichsgebieten angedeutet - die Erkrankungszahlen gehen im Mittel im Sommer etwas zurück. Weiterhin zeigt sich bei den Daten ein Anstieg der Werte von 1981
bis 1985, so daß die absoluten Maxima im Winter 84/85 nicht
unbedingt als so extrem angesehen werden können. Die

ABBILDUNG 5 ZUSAMMENHANG ZWISCHEN SO$_2$-SPITZENBELASTUNG UND ATEMWEGSERKRANKUNGEN IM BELASTUNGSRAUM IM ZEITABLAUF (1981–1985)

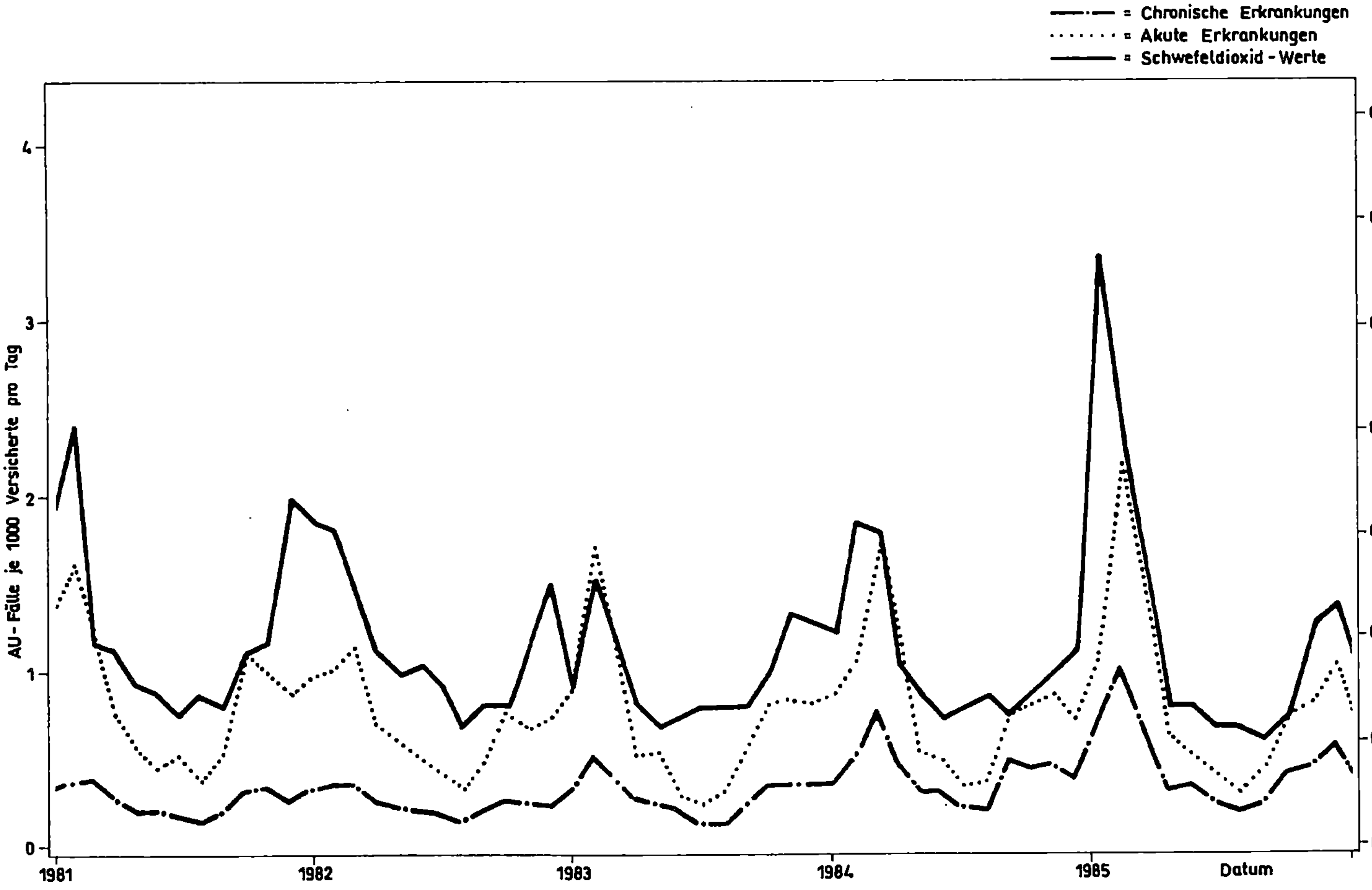

ABBILDUNG 6 ZUSAMMENHANG ZWISCHEN SO$_2$-SPITZENBELASTUNG UND HERZ- UND KREISLAUF-ERKRANKUNGEN IM BELASTUNGSGEBIET IM ZEITABLAUF (1981-1985)

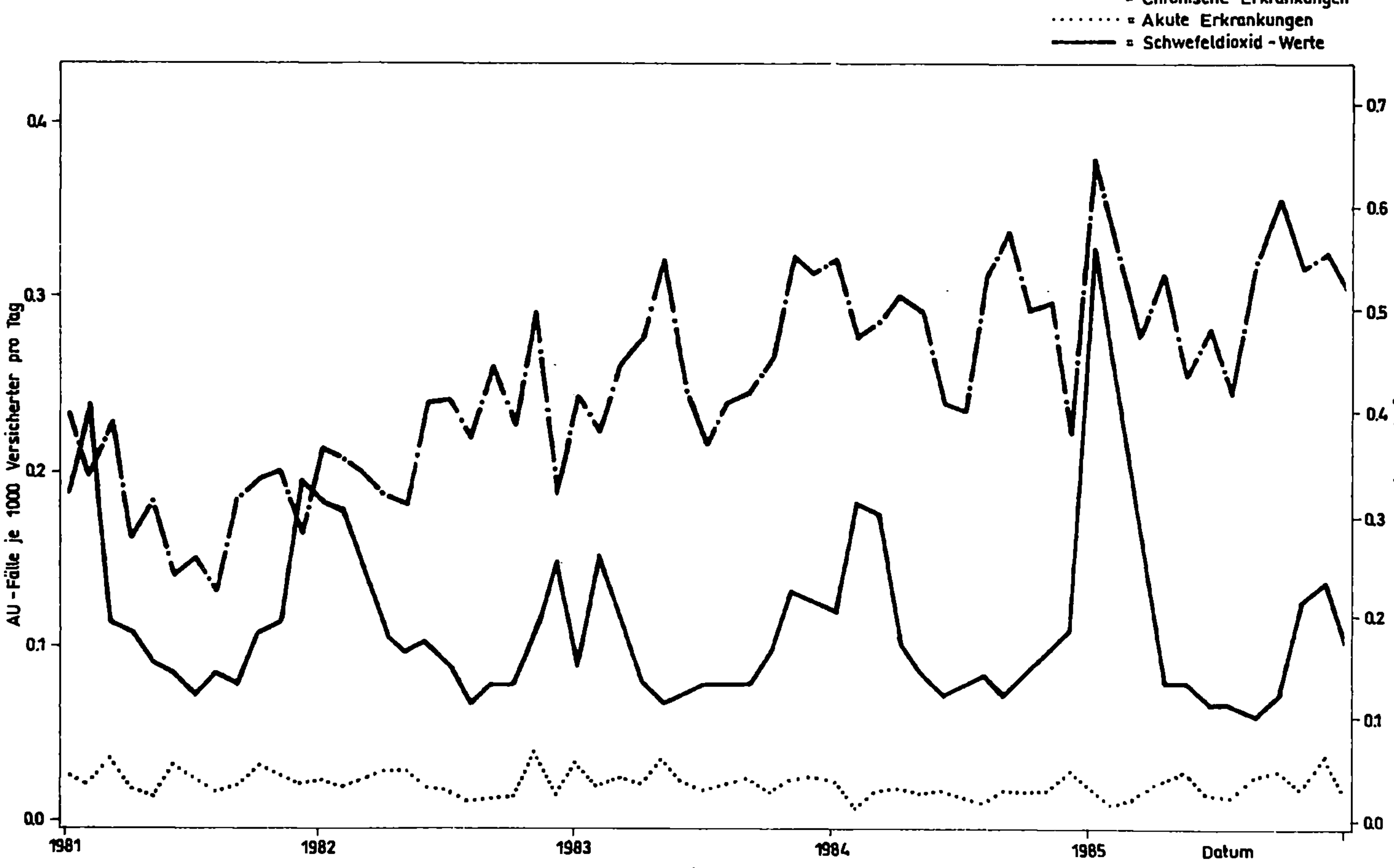

66

ABBILDUNG 7 JÄHRLICHER VERLAUF DER AKUTEN UND CHRONISCHEN ATEMWEGSERKRANKUNGEN IN DEN VERGLEICHSGEBIETEN IM ZEITABLAUF(1981-1985)

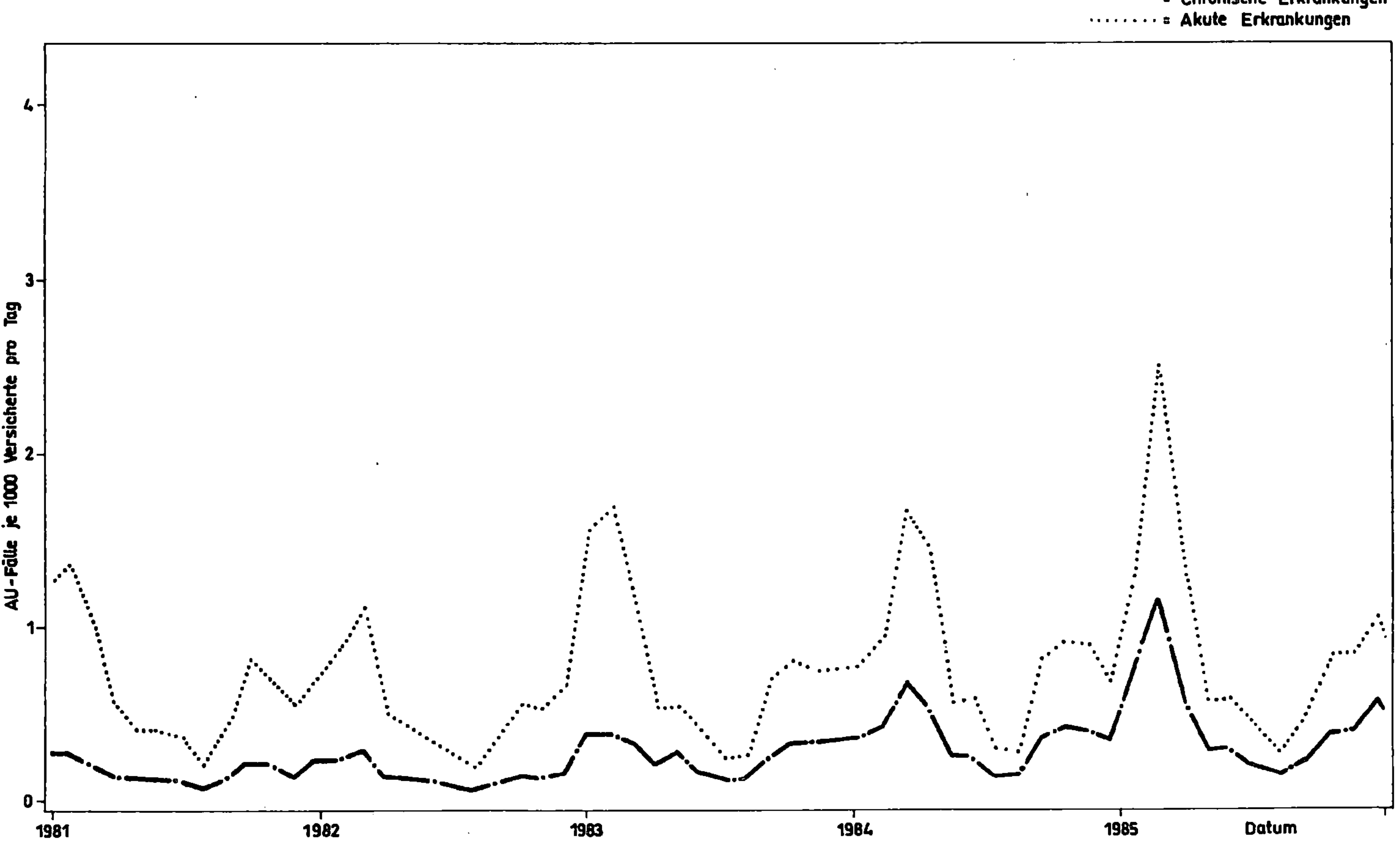

ABBILDUNG 8 JÄHRLICHER VERLAUF DER AKUTEN UND CHRONISCHEN HERZ- UND KREISLAUF-ERKRANKUNGEN IN DEN VERGLEICHSGEBIETEN IM ZEITABLAUF (1981-1985)

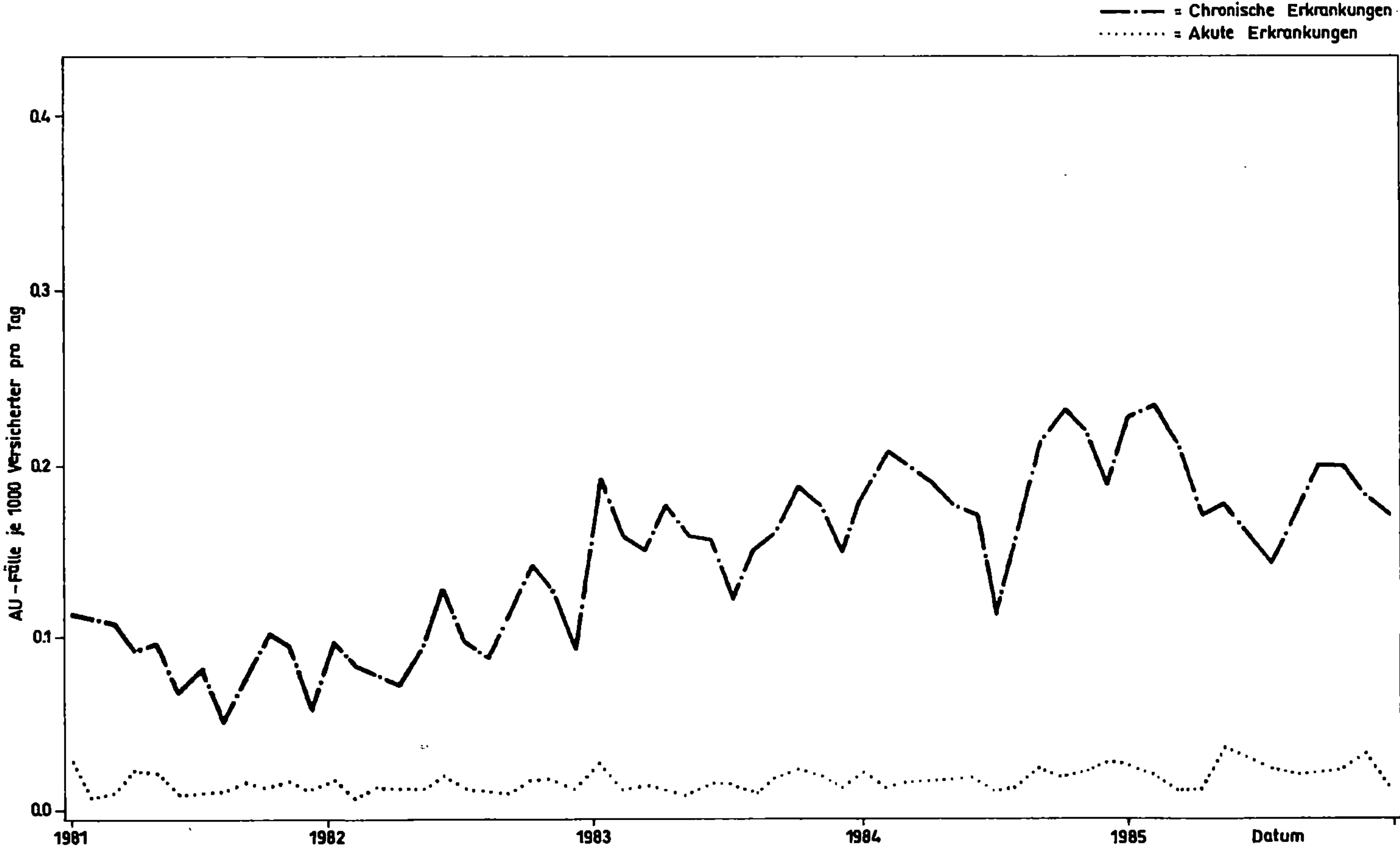

Krankendaten in den Belastungs- und Vergleichsgebieten zeigen ein zumeist gleichsinniges Verhalten, d. h. eine jeweils gleichzeitig Lage der relativen Maxima und Minima.

Aus der zeitlichen Gegenüberstellung wird insgesamt deutlich, daß die Erkrankungszahlen und Immissionsdaten im großen und ganzen Ähnlichkeiten aufweisen. Während die Herz- und Kreislauferkrankungen nur in geringem Umfang ein gleichsinniges Verhalten aufweisen, zeigt sich bei den Atemwegserkrankungen eine auffallende Übereinstimmung.

Gleitende 7-Tage-Mittel

Im Hinblick auf die Validität bzw. Repräsentativität der Krankenkassendaten dürfte es aufschlußreich sein, zu untersuchen, inwieweit sich kurzfristige Spitzenbelastungen mit hohen Schadstoffwerten in den Erkrankungszahlen niederschlagen.

Da in Monats- bzw. Jahreswerten kurzfristige Besonderheiten im Krankheitsgeschehen nicht in Erscheinung treten, werden die Arbeitsunfähigkeitsfälle genauer auf Tagesschwankungen hin untersucht. Ziel ist es, sowohl etwaige Widersprüche zwischen den Tagesverläufen und den über größere Zeiträume festgestellten Entwicklungen aufzudecken als auch zu überprüfen, inwieweit sich kurzfristige Spitzenbelastungen mit hohen Schadstoffwerten (Smogperioden) in den Erkrankungszahlen niederschlagen.

Es fällt zunächst auf, daß die Tageswerte der Erkrankungshäufigkeiten erhebliche Schwankungen aufweisen, d. h. zu Beginn der Woche (Montag) ist die Zahl der Arbeitsunfähigkeitsmeldungen maximal, nimmt dann kontinuierlich ab und wird zum Wochenende hin minimal. Es erscheint daher sinnvoll, mit Wochenmitteln zu arbeiten. Hierzu werden gleitende 7-Tage-Mittel errechnet, und zwar derart, daß jeweils die Zahl der Erkrankten über die sieben folgenden Tage einschließlich des betrachteten Tages gemittelt werden. Zu beachten bleibt, daß auch Feiertage und die

Urlaubs- und Ferienzeit tendenziell zu einer Reduzierung
der Krankmeldungen führen, da u. a. wegen der geringen Zahl
der Arbeitstage keine Krankmeldung erfolgt. Dies wurde bei
der Errechnung der Werte allerdings nicht berücksichtigt
und ist daher bei der Interpretation der Kurven zu berücksichtigen.

Da die jährlichen Verläufe in den Jahren 1981 bis 1985
einander im wesentlichen entsprechen sollen hier nur die
Werte für die akuten und chronischen Erkrankungen 1985 dargestellt werden. Im Anschluß hieran erfolgt noch eine kurze
Diskussion der Entwicklung der Erkrankungszahlen im Verlauf
der Smogepisode 1985. Dies geschieht mit dem Ziel, über
einen Vergleich mit den Resultaten einer Studie von Wichmann et.al.(38) (vgl. Abschnitt 2.2) zu weiteren Aussagen
über die Plausibilität des Datenmaterials zu kommen.

Chronische und akute Atemwegserkrankungen zeigen im Bela-
stungs- wie im gesamten Vergleichsgebiet einen sehr ähnlichen Jahresverlauf, wobei die Werte für die chronischen Erkrankungen im Gegensatz zu den akuten Krankheiten weniger
stark ausgeprägte Extrema besitzen (vgl. Abb. 9 und 10).
Die Kurven für das Belastungs- und das Vergleichsgebiet
verlaufen weitgehend parallel und mit geringem Abstand. So
weist keine der Regionen durchgängig erhöhte Werte auf, zu
Beginn des Jahres liegen die Werte des Vergleichsgebiets
sogar leicht über denen des Belastungsgebiets. Dies entspricht den Ergebnissen der Querschnittsanalyse, die bei
der Häufigkeit von Atemwegserkrankungen keine signifikanten
Resultate erbracht hat.

Für die chronischen Herz- und Kreislauferkrankungen liegen
- als einzige Erkrankungsgruppe - die Werte des
Belastungsgebiets eindeutig über denen des Vergleichsgebiets (vgl. Abb. 11). Beide Verläufe weisen deutliche
Parallelitäten auf. Ein Jahresgang mit einem Maximum am An-
fang des Jahres und dem Minimum im Sommer ist nur sehr
schwach zu erkennen. Die akuten Herz- und Kreis-

lauferkrankungen zeigen dagegen keinerlei Jahresgang und
auch keine eindeutigen Unterschiede zwischen Belastungs-
und Vergleichsgebiet (vgl. Abb. 12). Zusammenfassend kann
festgestellt werden, daß die Ergebnisse der Kurzzeit- und
Langzeitbetrachtung mehr oder weniger übereinstimmen, was
für die Validität des zugrundegelegten Datenmaterials
spricht.

Die Sonderauswertung der Arbeitsunfähigkeitsdaten für die
Smogperiode 1985 erfolgt in Anlehnung an die Vorgehensweise
von Wichmann et. al.(38) für die Periode vom 03.01. -
13.02.1985, eingeteilt in folgende Untersuchungsabschnitte:

Vorphase: 03.01. - 16.01.1985   2 Wochen
Smogphase: 17.01. - 23.01.1985   1 Woche
Nachphase: 24.01. - 13.02.1985   3 Wochen

Sowohl die Häufigkeiten der chronischen als auch die der
akuten   Atemwegserkrankungen   steigen   während   des
Untersuchungszeitraums kontinuierlich an, wobei der stär-
kere Anstieg bei den akuten Erkrankungen zu verzeichnen ist
(vgl. Abb. 9 und 10). Letzteres muß nach Wichmann et.al.
(38) allerdings im Zusammenhang mit

-     der naßkalten Witterung Ende Januar/Anfang Februar und
      dem Auftreten von Erkältungskrankheiten und

-     dem Auftreten einer Grippeepidemie von Januar bis März
      1985

gesehen werden.

Die chronischen und die akuten Herz- und Kreislauferkrankungen zeigen keine eindeutige Reaktion auf die erhöhten Schadstoffwerte der Smogsituation (vgl. Abb. 11 und
12).

ABBILDUNG 9 GLEITENDE 7-TAGE-MITTEL DER ERKRANKUNGSHÄUFIGKEIT IM BELASTUNGS- UND VERGLEICHSGEBIET IM JAHRE 1985 – CHRONISCHE ATEMWEGSERKRANKUNGEN –

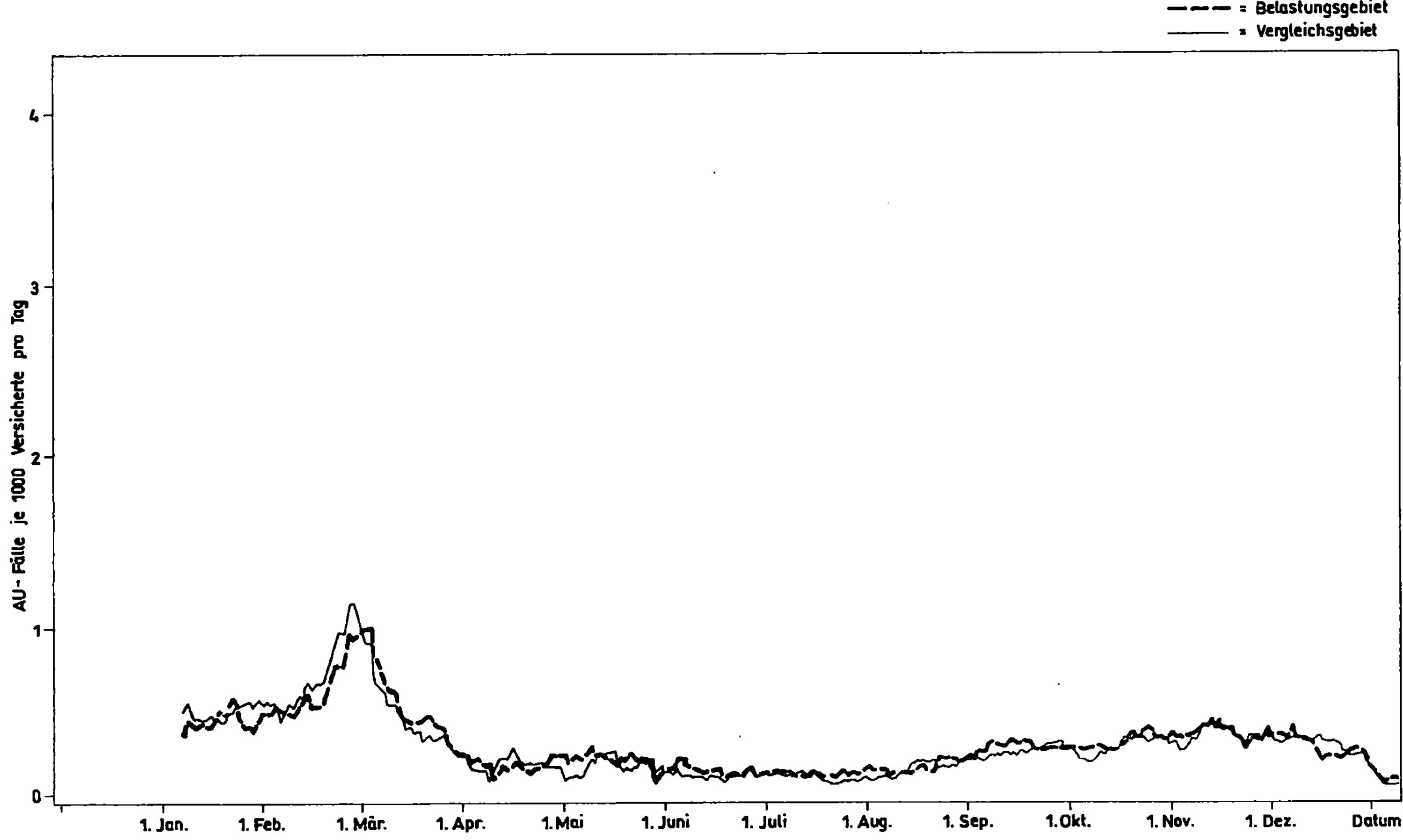

**ABBILDUNG 10 GLEITENDE 7-TAGE-MITTEL DER ERKRANKUNGSHÄUFIGKEIT IM BELASTUNGS-
UND VERGLEICHSGEBIET IM JAHRE 1985 – AKUTE ATEMWEGSERKRANKUNGEN –**

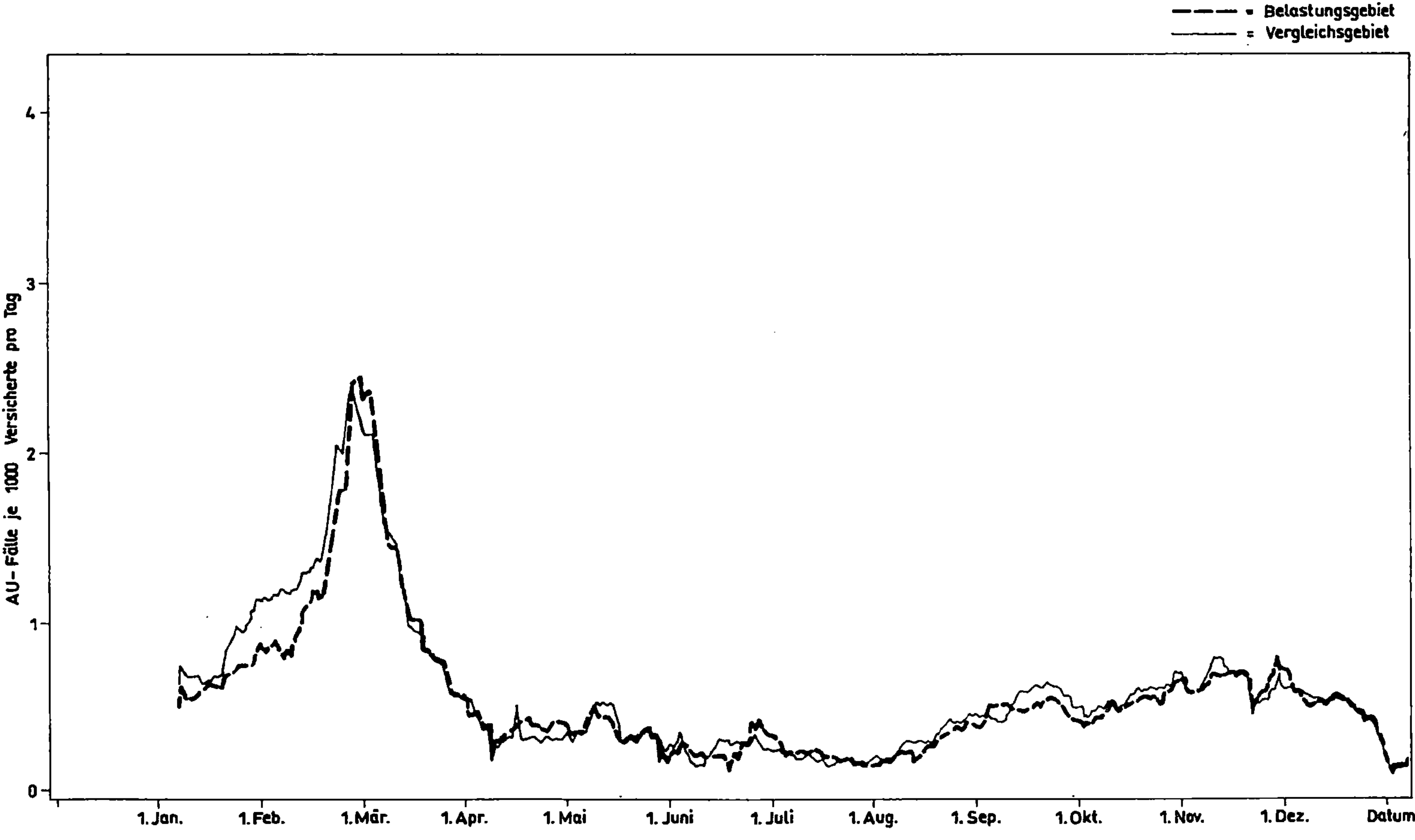

ABBILDUNG 11 GLEITENDE 7-TAGE-MITTEL DER ERKRANKUNGSHÄUFIGKEIT IM BELASTUNGS-
UND VERGLEICHSGEBIET IM JAHRE 1985
– CHRONISCHE HERZ- UND KREISLAUFERKRANKUNGEN –

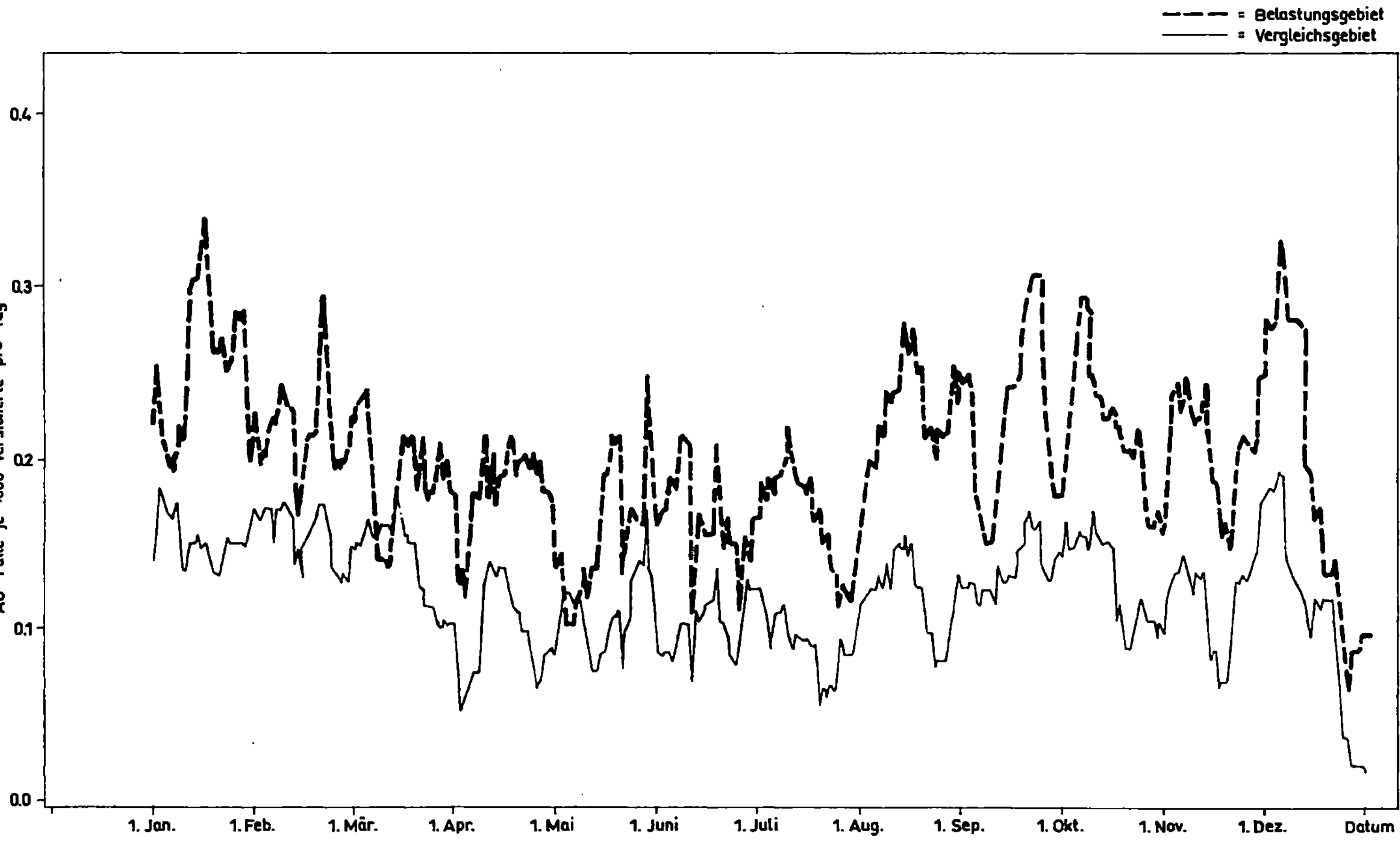

107

ABBILDUNG 12 GLEITENDE 7-TAGE-MITTEL DER ERKRANKUNGSHÄUFIGKEIT IM BELASTUNGS- UND VERGLEICHSGEBIET IM JAHRE 1985 – AKUTE HERZ- UND KREISLAUFERKRANKUNGEN –

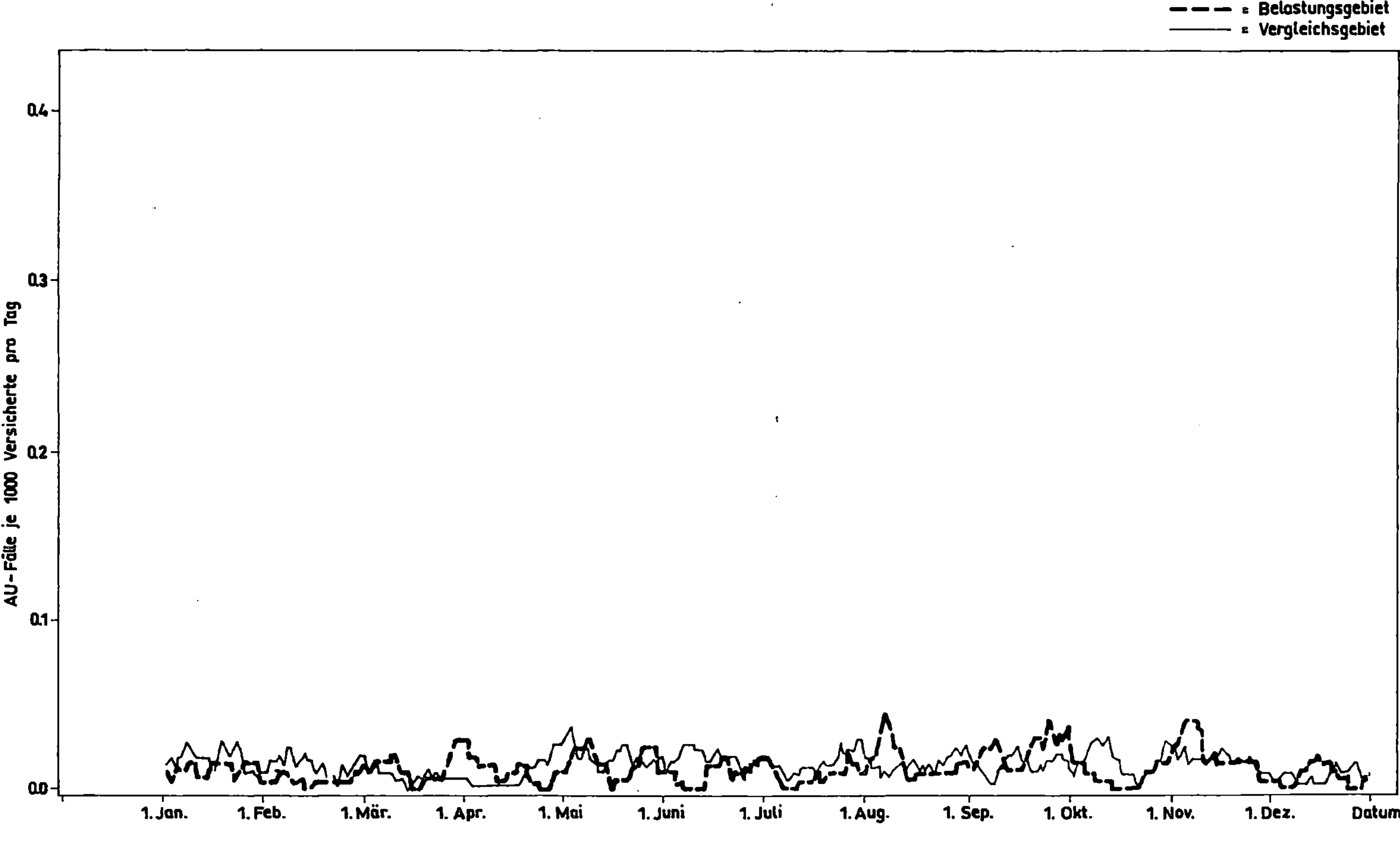

Zusammenfassend läßt sich folgendes feststellen: Die Atemwegserkrankungen zeigen während der Smogperiode einen -
allerdings zeitlich verzögerten - der Entwicklung der
Schadstoffwerte entsprechenden Verlauf. Bei den Herz- und
Kreislauferkrankungen läßt sich dagegen eine direkte Reaktion nicht beobachten. Dies scheint im Widerspruch zu den
Ergebnissen der Studie von Wichmann et.al. (38) zu stehen,
der einen offensichtlichen Zusammenhang bei den Herz- und
Kreislauferkrankungen gefunden hat. Allerdings beziehen
sich diese Ergebnisse ausschließlich auf den Indikator
"stationäre Aufnahmen in den Krankenhäusern". Für den noch
am ehesten mit dem Indikator "Häufigkeit von Arbeitsunfähigkeit" vergleichbaren Indikator "Arztkontakte" konnte in
Wichmanns Studie ebenfalls kein Zusammenhang zur Smogperiode festgestellt werden.

Unterscheidung zwischen akuten und chronischen Erkrankungen

Der Einfluß der Luftbelastung müßte bei den chronischen Erkrankungen deutlicher zutagetreten als im akuten Bereich,
da bei chronischen Krankheiten, die vor allem durch Dauer-
belastungen auf einem relativ hohen Niveau beeinflußt werden, der Zusammenhang offensichtlich enger sein wird als
bei den Infektionskrankheiten, die einen Großteil der akuten Atemwegserkrankungen ausmachen. Dieses Phänomen sollte
- Validität der Diagnosen vorausgesetzt - auch bei den der
Untersuchung zugrundeliegenden Krankenkassendaten zu beobachten sein. Für die Validität des Datenmaterials würde daher sprechen, wenn vorhandene Unterschiede bei den chronischen Erkrankungen deutlicher ausfallen als im akuten Bereich. Diese Arbeitshypothese wird im folgenden anhand
sowohl der deskriptiven als auch der mathematisch-statistischen Analyse untersucht.

Auf der Grundlage der deskriptiven Analyse werden die in
Abschnitt 5.1. definierten Gesundheitsindikatoren errechnet. Bei den chronischen Erkrankungen liefern die Gesund-

heitsindikatoren sowohl für die Atemwegs- als auch für die
Herz- und Kreislauferkrankungen Werte im Belastungsgebiet,
die deutlich über denen für das Vergleichsgebiet liegen.
Ebenso im Einklang mit der Arbeitshypothese steht, daß der
Betroffenheitsgrad von Arbeitsunfähigkeit aufgrund akuter
Atemwegserkrankungen für beide Gebiete in etwa dieselbe
Größenordnung besitzt. Dasselbe gilt für die relativierten
Fallzahlen. Hingegen ist die Dauer der Arbeitsunfähigkeit
für die akuten Atemwegserkrankungen im Belastungsgebiet gegenüber dem Vergleichsgebiet erhöht. Die Unterschiede zwischen den beiden Gebieten sind nur geringfügig schwächer
als bei den chronischen Atemwegserkrankungen. Für die akuten Herz- und Kreislauferkrankungen sind die Indikatorwerte
in Belastungs- und Vergleichsgebiet weitgehend identisch
(vgl. Tab. 25 und 26).

Die Ergebnisse der mathematisch-statistischen Analyse stim-
men mit der Untersuchungshypothese überein. So erweist sich
für die chronischen Erkrankungen der Belastungsindex sowohl
bei den Atemwegserkrankungen als auch bei den Herz- und
Kreislauferkrankungen als signifikante Einflußgröße. Demgegenüber ist bei den akuten Erkrankungen bezüglich der
Erkrankungswahrscheinlichkeit der Belastungsindex für beide
Erkrankungsgruppen nicht signifikant. Bezüglich der Erkrankungsdauer hat das Belastungsgebiet nur bei den akuten
Atemwegserkrankungen einen signifikanten Einfluß (vgl. Tab.
27 und 28).

Insgesamt ist festzustellen, daß die nach chronischen und
akuten Erkrankungen differenzierte Betrachtung Resultate
erbracht hat, die die zuvor getroffenen Annahmen weitgehend
bestätigen und damit einen weiteren Beleg für die Verläßlichkeit der verwendeten Krankenkassendaten liefern.

TABELLE 25 HÄUFIGKEIT UND DAUER CHRONISCHER GEGENÜBER AKUTER ERKRANKUNGEN IM JAHRE 1984 – ATEMWEGSERKRANKUNGEN –

INDIKATOR	Chronische Erkrankungen		Akute Erkrankungen	
	Belastungsgebiet	Vergleichsgebiete	Belastungsgebiet	Vergleichsgebiete
Versicherte mit mindestens einem AU-Fall bezogen auf die Versicherten insgesamt	0,106	0,098	0,172	0,178
Versicherte mit mindestens einem Krankenhausfall bezogen auf die Versicherten insgesamt	0,008	0,007	0,006	0,004
Zahl der AU-Fälle bezogen auf die Versicherten insgesamt	0,120	0,114	0,205	0,231
Zahl der Krankenhausfälle bezogen auf die Versicherten insgesamt	0,008	0,007	0,006	0,004
Zahl der AU-Tage bezogen auf die Versicherten insgesamt	2,3	1,6	2,7	2,1
Zahl der Krankenhaustage bezogen auf die Versicherten insgesamt	0,2	0,2	0,1	0,1
Zahl der AU-Tage bezogen auf die AU-Fälle	19,2	14,2	13,3	9,7
Zahl der Krankenhaustage bezogen auf die Krankenhausfälle	30,0	29,1	26,5	28.8

TABELLE 26 HÄUFIGKEIT UND DAUER CHRONISCHER GEGENÜBER AKUTER ERKRANKUNGEN IM JAHRE 1984 – HERZ- UND KREISLAUFERKRANKUNGEN –

INDIKATOR	Chronische Erkrankungen		Akute Erkrankungen	
	Belastungsgebiet	Vergleichsgebiete	Belastungsgebiet	Vergleichsgebiete
Versicherte mit mindestens einem AU-Fall bezogen auf die Versicherten insgesamt	0,064	0,043	0,006	0,006
Versicherte mit mindestens einem Krankenhausfall bezogen auf die Versicherten insgesamt	0,013	0,009	0,004	0,004
Zahl der AU-Fälle bezogen auf die Versicherten insgesamt	0,073	0,049	0,006	0,006
Zahl der Krankenhausfälle bezogen auf die Versicherten insgesamt	0,013	0,010	0,004	0,004
Zahl der AU-Tage bezogen auf die Versicherten insgesamt	3,1	1,8	0,7	0,7
Zahl der Krankenhaustage bezogen auf die Versicherten insgesamt	0,4	0,3	0,2	0,2
Zahl der AU-Tage bezogen auf die AU-Fälle	42,8	36,6	10,4	11,7
Zahl der Krankenhaustage bezogen auf die Krankenhausfälle	33,6	33,4	42,4	44,7

	Chronisch		Akut	
	Wahrschein-lichkeit	Dauer	Wahrschein-lichkeit	Dauer
Konstante	-1,165 s.	1,939 s.	-0,673 s.	1,918 s.
Belastungsindex D_1 Belastungsgebiet	0,052 s..	0,239 s.	-0,010 n.s.	0,266 s.
Alter D_2 Klasse 2	-0,148 s.	0,267 s.	-0,270 s.	0,230 s.
D_3 Klasse 3	-0,198 s.	0,569 s.	-0,411 s.	0,388 s.
Geschlecht D_4 männlich	-0,066 s.	0,049 n.s.	-0,095 s.	-0,080 s.
Einkommen D_5 Klasse 2	0,124 s.	-0,098 s.	0,147 s.	-0,019 n.s.
D_6 Klasse 3	0,036 n.s.	-0,204 s.	0,066 s.	-0,081 s.
Stellung im Beruf D_7 Angestellter	-0,121 s.	-0,077 n.s.	-0,149 s.	0,130 s.
Ausbildung D_8 mit abgeschlossener Berufsausbildung	-0,057 s.	-0,053 s.	-0,064 s.	0,039 s.
R^2		0,011		0,074

s. = signifikant; n.s. = nicht signifikant (5% Niveau)

	Chronisch		Akut	
	Wahrschein-lichkeit	Dauer (log)[*]	Wahrschein-lichkeit	Dauer (log)[*]
Konstante	-1,857	2,243	-3,506	3,206
	s.	s.	s.	s.
Belastungsindex				
D_1 Belastungsgebiet	0,215	0,247	0,023	0,056
	s.	s.	n.s.	n.s.
Alter				
D_2 Klasse 2	0,074	0,500	0,721	0,692
	s.	s.	s.	n.s.
D_3 Klasse 3	0,038	1,074	1,227	1,320
	s.	s.	s.	s.
Geschlecht				
D_4 männlich	-0,119	0,361	0,532	-0,496
	s.	s.	s.	s.
Einkommen				
D_5 Klasse 2	0,072	-0,601	-0,415	-1,305
	s.	s.	s.	s.
D_6 Klasse 3	-0,053	-0,803	-0,558	-1,319
	n.s.	s.	s.	s.
Stellung im Beruf				
D_7 Angestellter	-0,121	0,100	0,050	-0,321
	s.	n.s.	n.s	ns.
Ausbildung				
D_8 mit abgeschlossener Berufsausbildung	-0,053	0,009	-0,035	0,068
	s.	n.s	n.s	n.s
R^2		0,011		0,074

[*] = logarithmisch linearer Ansatz
s. = signifikant; n.s. = nicht signifikant (5% Niveau)

Die für das gewählte Belastungsgebiet - das gegenüber dem Vergleichsgebiet eine höhere Luftverschmutzung aufweist - errechneten Zusatzkosten im Gesundheitswesen sind Schätzgrößen. Ihre Zuverlässigkeit wird in erster Linie von den noch verbleibenden Unsicherheiten bei der Aufdeckung immissionsbedingter Krankheitsverläufe bestimmt. Die Kostenschätzung selbst ließe sich verbessern, indem nach Diagnosen und soziodemographischen Variablen unterschieden wird, wie z. B. Behandlungskosten nach Krankheitsart oder Lebensalter. Eine solche Kostendifferenzierung ist natürlich nur dann sinnvoll, wenn die statistische Datenanalyse genauere Ergebnisse liefert. Bei den im Rahmen dieser Untersuchung ermittelten Zusatzkosten durch Arbeitsunfähigkeit handelt es sich um volkswirtschaftliche Aufwendungen, die im Gesundheitswesen von zentraler Bedeutung sind. Jedoch bleiben eine Reihe von Krankheitsfolgekosten außer Ansatz. Hierzu zählen Gesundheitsausgaben infolge von Erkrankungen nichterwerbstätiger Personen (u. a. Familienangehörige, Rentner, Arbeitslose) sowie die Kosten ärztliche Behandlungen, bei denen eine Krankmeldung nicht erfolgte (insbesondere kurzzeitige Erkrankungen). Unberücksichtigt bleiben darüber hinaus die Ausgaben der Rentenversicherungsträger, ferner die Ausgaben der öffentlichen Hand (z. B. Krankenhausfinanzierung) und der privaten Haushalte (z. B. Selbstbeteiligung). In den genannten Fällen sind die für umweltbezogene Kostenfolgeabschätzungen im Gesundheitswesen erforderlichen Basisdaten gegenwärtig entweder nicht verfügbar oder unzureichend.

Der ökonomischen Bewertung zugänglich sind neben den Behandlungskosten die Zusatzaufwendungen der Krankenkassen für Krankengeldzahlungen bzw. der Arbeitgeber für Lohnfortzahlungen. Über letztere lassen sich die zusätzlichen Arbeitsausfallkosten im Untersuchungsgebiet annähernd bestimmen. Für die Abschätzung dieser Kosten hätte sich auch die Heranziehung durchschnittlicher Bruttoarbeitnehmereinkommen als Bezugsgröße angeboten. Während im ersten Fall an tatsächlich erfolgte Ausgaben (sog. "Transferzahlungen") angeknüpft wird, dient im zweiten Fall eine fiktive Rechengröße als Kalkulationsgrundlage. Unabhängig von der Berechnungsmethode wird unterstellt, daß über Einkommenskategorien die volkswirtschaftlichen Verluste durch entgangene Arbeitsleistungen ökonomisch bewertet werden können. Vernachlässigt werden jedoch krankheitsbedingte Leistungsminderungen, soweit sie nicht zur Arbeitsunfähigkeit - am Arbeitsplatz oder bei nicht erwerbstätigen Personen (z. B. Hausfrauen) - führen. Wie in Kapitel 2.1 erwähnt, haben einige Autoren auch die Arbeitsausfälle durch vorzeitigen Tod mit in die ökonomische Bewertung miteinbezogen. Diese bleiben in der vorliegenden Untersuchung ebenfalls unberücksichtigt.

Nicht verwendet wurde die sog. Zahlungsbereitschaftsanalyse. Diese Methode zielt darauf ab, die Folgeschäden von Erkrankungen möglichst umfassend, d. h., selbst unter Einschluß psychosozialer Wirkungen (z. B. Schmerzen, Angstgefühle, Isolation etc.) monetär zu bewerten. Gegenstand sind in diesem Fall nicht die tatsächlichen Gesundheitsausgaben aufgrund ärztlicher Befunde hinsichtlich Behandlungsart oder Arbeitsunfähigkeitsdauer, sondern die subjektive Schadensbewertung der Betroffenen, ausgedrückt in der individuellen Bereitschaft, Kosten zur Abwendung von Gesundheitsschäden auf sich zu nehmen (13).

Die vorgelegte Kostenschätzung bezieht sich auf ein relativ eng begrenztes Untersuchungsgebiet. Soweit annähernd übereinstimmende Verhältnisse der Immissions- bzw. Klimasituation und der soziodemographischen Zusammensetzung der Bevölkerung vorliegen, lassen sich die Untersuchungsergebnisse auch auf andere Regionen übertragen. Eine Hochrechnung für das Gebiet der Bundesrepublik insgesamt erfordert jedoch die statistische Auswertung von Krankenkassendaten (und Daten anderer Sozialversicherungsträger) aus anderen

Belastungsgebieten. Auch ist es auf breiterer Datengrundlage möglich, die Ergebnisse für die jeweils gewählten Untersuchungsräume auf ihre Verläßlichkeit hin zu überprüfen. Es ist nicht auszuschließen, daß sich in anderen Regionen größere Unterschiede in den Erkrankungshäufigkeiten bzw. -dauern ergeben, insbesondere vor dem Hintergrund, daß es sich bei den in dieser Untersuchung ausgewählten Vergleichsgebieten um keine "Reinluftgebiete", sondern um Räume handelt, die unmittelbar im Nahbereich von Immissionsgebieten liegen und bereits eine Grundbelastung aufweisen.

Da die am Beispiel des zugrundegelegten Untersuchungsraumes berücksichtigten Kostenkategorien nur einen Ausschnitt der Gesamtausgaben im Gesundheitswesen darstellen, müssen neben den Kosten durch Arbeitsunfähigkeit in späteren Untersuchungen noch folgende Aufwendungen einbezogen werden:

o   Ausgaben für ambulante und stationäre Behandlung, soweit sie nicht mit Arbeitsunfähigkeit im Zusammenhang stehen. (Behandlung von Familienanghörigen kurzzeitige Erkrankungen ohne Krankmeldung etc).

o   Ausgaben der Rentenversicherungsträger für Rehabilitationsmaßnahmen sowie für die Sicherung des Lebensunterhaltes bei Frühinvalidität.

o   Ausgaben öffentlicher Haushalte für ambulante und stätionäre Behandlung.

o   Ausgaben privater Haushalte für ambulante und stationäre Behandlung.

Tabelle 29 vermittelt abschließend einen Überblick über die Kostenrelationen im Gesundheitswesen der Bundesrepublik Deutschland. Danach entfielen von den insgesamt 242 Mrd. DM Gesundheitsausgaben im Jahre 1985 zwei Drittel auf die

TABELLE 29 GESUNDHEITSAUSGABEN IN DER BUNDESREPUBLIK DEUTSCHLAND IM JAHR 1985

	Insgesamt	Öffentliche Haushalte	Gesetzl. und priv. Kranken-versicherung	Rentenver-sicherung	Arbeitgeber	Private Haushalte
Insgesamt (in Mrd. DM)	242	32	124	20	38	19
darunter:						
Behandlung ambulant und stationär)	142	9	103	4	7	19
Rehabilitation	7	6	0,1	0,3	-	-
Entgeltfortzahlungen	26	-	-	-	26	-
Sonst. Einkommens-leistungen im Krank-heitsfall	11	0,9	9	0,8	0,3	-
Berufs- und Erwerbs-unfähigkeitsrenten	24	3	-	15	3	-
Vorbeugende und be-treuende Maßnahmen	14	9	3	0,3	2	-
sonstiges	18	4	9	-	-	-

Quelle: Statistisches Bundesamt: Ausgaben für Gesundheit 1985
Wirtschaft und Statistik 9/1987, S. 301 (Zahlen z.T. auf- bzw. abgerundet)

ambulante und stationäre Behandlung. Mit immerhin 37 Mrd.
DM und 24 Mrd. DM schlagen die Ausgaben für Entgeltfortzah-
lungen (einschließlich sonstiger Einkommensausgleichzah-
lungen) bzw. für Berufs- und Erwerbsunfähigkeitsrenten zu
Buche. Als Kostenträger stehen die Krankenkassen mit 124
Mrd. DM mit Abstand an erster Stelle.

Sowohl aus der Perspektive des einzelnen Kostenträgers als
auch aus gesamtwirtschaftlicher Sicht muß ein Interesse
daran bestehen, hohe Krankheitsfolgekosten zu vermeiden.
Die Ergebnisse dieser Untersuchung stützen die Vermutung,
daß die Luftreinhaltepolitik hierzu einen Beitrag leisten
kann.

8. ZUSAMMENFASSUNG DER ERGEBNISSE

Ausgehend von der Frage, inwieweit in luftverunreinigten Gebieten mit Zusatzkosten im Gesundheitswesen zu rechnen ist, wurde eine eingehende statistische Analyse von Krankenkassendaten am Beispiel einer Untersuchungsregion im östlichen Ruhrgebiet sowie im angrenzenden Münster- und Sauerland durchgeführt. Mit Hilfe sowohl der deskriptiven als auch der mathematisch-statistischen Datenanalyse waren Schätzwerte für die Erkrankungswahrscheinlichkeit und -dauer in Belastungs- und Vergleichsgebieten zu ermitteln. Differenziert wurde nach Krankheitsarten sowie nach Bevölkerungsgruppen. Des weiteren wurden die örtlichen Immissions- und Klimaverhältnisse im Untersuchungsraum ausführlich beschrieben.

Gegenüber den Ergebnissen vorliegender medizinisch-statistischer Untersuchungen liefert die Auswertung von Krankenkassendaten ein für die ökonomische Bewertung von Gesundheitsschäden geeigneteres Mengengerüst. So dokumentieren vor allem die Ortskrankenkassen die Arbeitsunfähigkeits- und Krankenhausfälle großer Bevöl-kerungskollektive nach Erkrankungsart und -dauer sowie nach soziodemographischen Merkmalen. Bereits aus der deskriptiven Datenanalyse ergeben sich eine Reihe bemerkenswerter Hinweise auf mögliche Zusammenhänge zwischen Luftverunreinigungen und Krankheitsgeschehen im Untersuchungsgebiet. Jedoch ist zu beachten, daß es sich hierbei um eine eindimensionale Datenauswertung handelt, die die simultane Berücksichtigung mehrerer Einflußfaktoren nicht zuläßt. Gleichwohl vermittelt sie eine erste Vorstellung über mögliche Unterschiede des Krankenstandes in den betrachteten Teilräumen.

Danach treten vor allem bei den Herz- und Kreislauferkrankungen Krankmeldungen in luftverunreinigten Gebieten häufiger auf. So ergeben sich für das Jahr 1984 im Belastungsgebiet 74 und im Vergleichsgebiet 51 Arbeitsunfähigkeitsfälle pro 1000 Versicherte (sozialversicherungspflichtig Erwerbstätige). Darüber hinaus ist in bezug auf alle untersuchungsrelevanten Erkrankungen (d. h. einschließlich auch der Atemwegserkrankungen) im Belastungsgebiet (21,7 Tage) die durchschnittliche Dauer eines Arbeitsunfähigkeitsfalles um 5,9 Tage höher als im Vergleichsgebiet (15,8 Tage). Überdies sind Krankmeldungen mit mehr als 6 Wochen im Belastungsgebiet mehr als doppelt so häufig.

Die Ergebnisse der Datenauswertung für die Jahre 1981, 1982, 1983 und 1985 bestätigen weitgehend diese Resultate.

Wie die deskriptive Datenanalyse ferner ergibt, werden offenbar eine Reihe von Krankheitsarten im Belastungsgebiet häufiger diagnostiziert. Hierzu zählen die akuten Infektionen der oberen Luftwege, die chronischen obstruktiven Lungenerkrankungen, sowie die ischämischen Herzkrankheiten (darunter: Angina pectoris). Hinsichtlich anderer Erkrankungen, wie z. B. bei der chronischen Nebenhöhlenentzündung sind die Unterschiede weniger ausgeprägt, zum Teil sogar gegenläufig. Hier dürfte möglicherweise auch das örtliche Bioklima eine Rolle spielen. Starke Schwankungen der Diagnosehäufigkeiten liegen auch in den einzelnen Gemeinden des Belastungsgebietes' vor allem bei den Herz- und Kreislauferkrankungen vor. Des weiteren deutet sich an, daß Multimorbiditätsfälle (eine Person leidet gleichzeitig unter mehreren Krankheiten) im Belastungsgebiet gehäuft auftreten. Überdies fällt in diesem Gebiet die überdurchschnittliche hohe Diagnosehäufigkeit von Bronchitis und Bronchiolitis bei Frauen auf. Mit Hilfe der deskriptiven Datenanalyse lassen sich somit erste Hinweise auf bestimmte Personengruppen erkennen, die häufiger von einzelnen Erkrankungen betroffen sind, wenn sie im Belastungsgebiet leben. Diese Wechselbeziehungen zwischen dem Krankheitsgeschehen, dem Wohnort und den soziodemographischen Merkmalen, wie beispielsweise Lebensalter, Geschlecht usw. sind für die sich anschließende mathematisch-statistische Analyse von zentraler Bedeutung.

Zugrundegelegt wurde ein zweistufiges Verfahren, nämlich zunächst die Methode der multiplen Regression und darauf aufbauend die Schichtenanalyse. Zunächst zeigt sich, daß in bezug auf die Wahrscheinlichkeit, im Belastungsgebiet häufiger zu erkranken, sich lediglich für die Gruppe der Herz- und Kreislauferkrankungen ein statistisch signifikanter Nachweis erbringen läßt. Hinsichtlich der höheren Erkrankungsdauer ist sowohl für Atemwegs- als auch für Herz- und Kreislauferkrankungen ein statistisch signifikanter Zusammenhang mit dem Wohnort gegeben. Bei den Krankenhausfällen läßt sich ein solcher nur in bezug auf die Erkrankungswahrscheinlichkeit für die zuletzt genannte Krankheitsgruppe belegen. Die Krankenhausverweildauer weist im Belastungsgebiet gegenüber dem Vergleichsgebiet offenbar keine Unterschiede auf.

Ein differenziertes Bild, das auch die unterschiedliche Betroffenheit einzelner Bevölkerungsgruppen und somit Wechselbeziehungen zwischen den Modellvariablen berücksichtigt, läßt die Datenauswertung mittels der Schichtenanalyse zu. Für die Signifikanztests werden 12 Unterpopulationen gebildet.

Den Analyseergebnissen zufolge ist für die Gruppe der männlichen Versicherten über 45 Jahre und ohne abgeschlossene Berufsausbildung die Wahrscheinlichkeit, im Belastungsgebiet häufiger an Atemwegsleiden zu erkranken, um 2,6 % signifikant höher als im Vergleichsgebiet. Ein gegenläufiges Ergebnis weist die Gruppe der unter dreißigjährigen Frauen ohne abgeschlossene Berufsausbildung auf, die unter der zuletztgenannten Krankheitsart im Vergleichsgebiet häufiger leiden. Bei den übrigen zehn Unter-

populationen sind keine Unterschiede zu erkennen. Bezüglich
der Herz- und Kreislauferkrankungen sind nahezu bei allen
Gruppen höhere Erkrankungswahrscheinlichkeiten vorhanden.
Sie nehmen Werte zwischen 1,1 und 3,6 % an.

Hinsichtlich der Dauer von Atemwegserkrankungen finden sich
bei jeder der 12 Unterpopulationen im Belastungsgebiet höhere Werte. Die Differenzen gegenüber dem Vergleichsgebiet
liegen zwischen 1,5 und 12,1 Tagen pro erkrankte Person und
Jahr (der höchste Wert tritt wiederum bei der Gruppe der
45-jährigen Männer ohne abgeschlossene Berufsausbildung
auf). Längere Erkrankungsdauern im Belastungsgebiet weisen
sechs Unterpopulationen bei den Herz- und
Kreislauferkrankungen auf. Die Unterschiede gegenüber dem
Vergleichsgebiet reichen von 6,0 bis 15,7 Tagen.

Die aus der Schichtenanalyse abgeleiteten Schätzwerte für
die Erkrankungswahrscheinlichkeit und -dauer ergeben zusammen mit der Anzahl der im Belastungsgebiet erfaßten Personen das Mengengerüst für die ökonomische Bewertung von
Gesundheitsschäden. Den Berechnungsergebnissen zufolge be-
liefen sich im Jahr 1984 die Mehrkosten im Gesundheitswesen
auf ca. 7,7 Mio. DM. Bezugsbasis sind insgesamt 28758 im
Belastungsgebiet erfaßte Personen (sozialversicherungspflichtige Erwerbstätige). Von der genannten Schadenssumme entfällt etwa jeweils die Hälfte auf die beiden
Diagnosegruppen Atemwegs- bzw. Herz- und Kreislauferkrankungen. Pro Person errechnen sich im Belastungsgebiet Mehrkosten von durchschnittlich 268,50 DM pro Jahr (Bezugsjahr
1984), wobei auffällt, daß die Gruppe der über 45-jährigen
Männer ohne abgeschlossene Berufsausbildung mit 666,19 DM
den größten Wert aufweist. Auf der Grundlage von Konfidenz-
bereichen für die Schätzwerte der Erkrankungswahrscheinlichkeit und -dauer lassen sich Schwankungsbereiche
für die Kostenschätzung bestimmen. Danach sind für die
jährlichen Zusatzkosten 2,80 Mio DM als unterer Wert und

13,55 Mio. DM als oberer Wert anzusetzen. Die durchschnittlichen Kostenwerte pro Versicherten schwanken zwischen 97,30 DM und 471,30 DM.

Die angegebenen Kostenwerte stellen die Mehrausgaben im Gesundheitswesen für ärztliche Behandlung (ambulant und stationär) und für die Sicherung des Lebensunterhaltes bei Krankheit (Krankengeld und Lohnfortzahlung) dar. Erfaßt werden lediglich die Krankmeldungen im Zusammenhang mit Arbeitsunfähigkeit. Somit stellt die errechnete Schadenssumme eine Unterschätzung dar. Außer Ansatz bleiben die Behandlungsausgaben für Familienangehörige, Rentner und freiwillig Versicherte sowie für sonstige Krankheitsfälle, die zu keiner Arbeitsunfähigkeit geführt haben. Die ermittelten Ausgaben für die Entgeltfortzahlung im Krankheitsfall sind ebenfalls als eine untere Schätzgröße für die zusätzlichen Arbeitsausfallkosten (volkswirtschaftliche Produktionsverluste) im Belastungsgebiet anzusehen. Zum einen handelt es sich um Nettoeinkommensgrößen, zum anderen werden die Ausgaben der Rentenversicherungsträger im Zusammenhang mit Rehabilitationsmaßnahmen und Frühinvalidität nicht berücksichtigt.

Außer Betracht bleiben schließlich die Ausgaben öffentlicher Haushalte für Krankheitsfolgeleistungen (z. B. Krankenhausfinanzierung, berufliche Rehabilitation etc.) sowie die Mehrausgaben der privaten Haushalten für ärztliche Behandlung (z. B. Medikamente). Es bedarf mithin zusätzlicher Forschungsbemühungen, um die entsprechenden finanziellen Mehrbelastungen in Belastungsgebieten zu erfassen.

Die Kostenschätzung ist naturgemäß mit zahlreichen Unsicherheitsmomenten behaftet, zumal wichtige gesundheitsrelevante Einflußfaktoren nicht mit in die statistische Datenanalyse einbezogen werden konnten. Zu nennen sind hier vor allem das Raucher-, Ernährungs- und Freizeitverhalten, die Schadstoffbelastung in Innenräumen (z. B.

Heizung), der Berufs- und Wohnortwechsel. Ein Teil diese
Faktoren läßt sich jedoch insoweit kontrollieren, als sie
mit den in der Datenauswertung berücksichtigten Modellvariablen im Zusammenhang stehen (z. B. Raucherverhalten und
Lebensalter). Auf diese Gesichtspunkte wurde in der Untersuchung ausführlich eingegangen, ebenso wie auf die
Frage der Zuverlässigkeit von Krankenkassendaten.

Um die Aussagekraft (Validität) des zugrundegelegten
Datenmaterials zu überprüfen, wurden spezielle
Plausibilitätsuntersuchungen durchgeführt. So konnte die
Arbeitshypothese, wonach besonders die chronischen Atem-
wegs- sowie Herz- und Kreislauferkrankungen im Belastungsgebiet verstärkt auftreten, bestätigt werden. Darüber hinaus zeigt die Gegenüberstellung der Jahresverläufe
der Luftverschmutzung und Erkrankungshäufigkeit in ihren
Schwankungen mehr oder weniger große Übereinstimmungen.

Da davon auszugehen ist, daß in Abhängigkeit von den
Immissions- und Klimaverhältnissen, der Bevölkerungs-
struktur, den gruppenspezifischen Verhaltensmustern, der
Ausstattung mit medizinischen Einrichtungen u. a. m. sich
das Gesundheitsgeschehen regional unterscheidet, müssen zu-
künftige Forschungsbemühungen auf gebietsvergleichende Analysen in weiteren Untersuchungsräumen ausgerichtet sein.
Liegen raum- und zeitbezogene Auswertungen der Krankenkassendaten im ausreichenden Umfang vor, so ist eine Kostenschätzung der Mehraufwendungen im Gesundheitswesen für die
Bundesrepublik insgesamt möglich.

Es steht außer Frage, daß die ökonomische Bewertung von Gesundheitsschäden in luftverunreinigten Gebieten an Bedeutung gewinnt, je mehr volkswirtschaftliche Ressourcen in
der Krankenversorgung beansprucht werden. Wachsende
Gesundheitsausgaben können ein Indiz für ein verbessertes
Leistungsangebot in der medizinischen Versorgung, aber auch
die Folge eines anhaltend hohen Krankenstandes sein.
Gesundheits- und somit auch umweltpolitische Maßnahmen müs-

sen deshalb darauf abzielen, der Entstehung von Erkrankungen vorzubeugen und unnötige Krankheitsfolgekosten zu vermeiden. Die so freigesetzten Ressourcen können in der Gesundheitsvorsorge und zur Verbesserung der diagnostischen und therapeutischen Leistungen im Gesundheitswesen eingesetzt werden.

9. LITERATURVERZEICHNIS

(1)   Becker, N.; Frentzel-Beyme, R. u. G. Wagner: Krebs-
        atlas der Bundesrepublik Deutschland. 2. Auflage,
        Springer Verlag Berlin-Heidelberg-New York-Tokyo,
        1984.

(2)   Bundesminister für Jugend, Familie und Gesundheit:
        Konsum und Mißbrauch von Alkohol, illegalen Drogen,
        Medikamenten und Tabakwaren durch junge Menschen,
        1983.

(3)   Bundesministerium für Jugend, Familie und Ge-
        sundheit: Daten des Gesundheitswesens - Ausgabe 1985
        -. Band 154, Schriftenreihe des Bundesministers für
        Jugend, Familie und Gesundheit, 1985.

(4)   Cropper, M. L.: Measuring the Benefits from Reduced
        Morbidity. AEA Papers and Proceedings, Vol. 71, 235
        ff., 1981.

(5)   Csicsaky, M. u. U. Krämer: Gesundheitsrisiko durch
        Luftschadstoffe. WSI Mitteilungen 12/1985, 1985.

(6)   Deutscher Wetterdienst: Klima-Atlas von Nordrhein-
        Westfalen. Offenbach a. M., 1960.

(7)   DIVO INMAR GmbH (Hrsg.), DIVO-Random-Sample, in: Der
        westdt. Markt in Zahlen, 1974.

(8)   Dreyhaupt, F. J.: Theorie des Human-Wirkungska-
        tasters: Gesetzliche Basis und Bedeutung im Luft-
        reinhalteplan. In: Gesellschaft zur Förderung der
        Lufthygiene und Silikoseforschung e. V. (Hrsg.): Um-
        welthygiene Supplement 1, 3 - 12, 1984.

(9)   Ferber, L. V.: Die Arbeitsunfähigkeitsdiagnose des
        niedergelassenen Arztes und ihre Aussagefähigkeit.
        Die Ortskrankenkasse 23 - 24/1980, 918 ff., 1980.

(10)   Fricke, W.: Großräumige Verteilung und Transport von
        Ozon und Vorläufern. VDIO-Berichte Nr. 500, 55 - 62,
        1983.

(11)   Gut, P. u. E. J. Steffens: Behandlungskosten auf-
        grund von Arbeitsunfähigkeit und Arbeitsunfällen,
        Berlin 1981.

(12)   Hauß, F.: Inanspruchnahme medizinischer Leistungen
         und regionale Gesundheitspolitik, in: Bundes-
         forschungsanstalt für Landeskunde und Raumordnung
         (Hrsg.): Raumordnung und Gesundheitspolitik, Heft
         3/4, Bonn 1985, S. 286.

(13)   Heinz, I.: Methoden zur ökonomischen Bewertung von
         Umweltschäden, in: Brandes, S., Roloff, O. (Hrsg.):
         Politische Ökonomie des Umweltschutzes, (= Bericht
         der Herbsttagung des Arbeitskreises Politische
         Ökonomie, Inzell 1988), Regensburg 1990.

(14)   Herrmann, H.. Die Bedeutung kommunaler Umwelt-
         faktoren für die Entstehung chronischer Atem-
         wegserkrankungen. Zeitschrift für Erkrankungen der
         Atmungsorgane, Band 161/1983, Heft 2, 163 - 176,
         1983.

(15)   Höpker, W. W. u. H. U. Burkhardt: Unsinn - und Sinn?
         - der Todesursachenstatistik. Eine Validitätsstudie
         zur Prüfung der Krebssterblichkeitsziffern. Deutsche
         Medizinische Wochenschrift, Nr. 34, 109, Jg., 1269 -
         1274, 1984.

(16)   Institut für Demoskopie Allensbach (Hrsg.): Allens-
         bacher Werbeträger-Analyse. 1983.

(17)   Keil, U. u. e. Backsmann: Soziale Faktoren und
         Mortalität in einer Großstadt der BRD. Arbeitsmed.-
         Sozialmed.-Präventivmed. 1, 4 - 9, 1975.

(18)   Krämer, U.: Statistische Auswertung im Rahmen des
         Wirkungskatasters - Bilanz und Verbesserungsvor-
         schläge. In: Gesellschaft zur Förderung der Luft-
         hygiene und Silikoseforschung e. V. (Hrsg.): Um-
         welthygiene Supplement 1, 27 - 38, 1984.

(19)   Lave, L. B. u. E. P. Seskin: Air Pollution and Human
         Health. Science, Vol. 169, No. 3947, 1970.

(20)   Lave, L. B. u. E. P. Seskin: Pollution and Human
         Health, Baltimore, London, 1977.

(21)   Leu, E. R.; Gysin, H. Ch.; Frey, L. R. u. N.
         Schmassmann: Externe Kosten der Energie am Beispiel
         von Mortalität und Morbidität. Schweizerische Zeit-
         schrift für Volkswirtschaft und Statistik, Heft 3,
         383 ff., 1984.

(22)   Marburger, E. A.: Zur ökonomischen Bewertung gesund-
         heitlicher Schäden durch Luftverschmutzung. Berichte
         des Umweltbundesamtes, Berlin, 51 ff., 1986.

(23)   Minister für Arbeit, Gesundheit und Soziales des
        Landes Nordrhein-Westfalen (Hrsg.): Luftreinhalte-
        plan Rheinschiene-Süd 1977 - 1981, Köln/Düsseldorf
        1976.

(24)   Minister für Arbeit, Gesundheit und Soziales des
        Landes Nordrhein-Westfalen (Hrsg.): Luftreinhalte-
        plan Ruhrgebiet-West 1978 - 1982, Düsseldorf 1977.

(25)   Minister für Arbeit, Gesundheit und Soziales des
        Landes Nordrhein-Westfalen (Hrsg.): Luftreinhalte-
        plan Ruhrgebiet-Ost 1979 - 1983, Düsseldorf 1978.

(26)   Minister für Arbeit, Gesundheit und Soziales des
        Landes Nordrhein-Westfalen (Hrsg.): Luftreinhalte-
        plan Ruhgebiet-Mitte 1980 - 1984, Düsseldorf 1980.

(27)   Minister für Arbeit, Gesundheit und Soziales des
        Landes Nordrhein-Westfalen (Hrsg.): Luftreinhalte-
        plan Rheinschiene-Mitte 1982 - 1986, Düsseldorf
        1982.

(28)   Minister für Arbeit, Gesundheit und Soziales des
        Landes Nordrhein-Westfalen (Hrsg.): Luftreinhalte-
        plan Rheinschiene-Süd (Köln), Düsseldorf 1983.

(29)   Minister für Arbeit, Gesundheit und soziales des
        Landes Nordrhein-Westfalen (Hrsg.): Luftreinhalte-
        plan Ruhrgebiet-West, Düsseldorf 1985.

(30)   Minister für Umwelt, Raumordnung und Landwirtschaft
        des Landes Nordrhein-Westfalen: Luftreinhalteplan
        Ruhrgebiet Mitte 1. Fortschreibung 1987 - 1991, Düs-
        seldorf 1987.

(31)   OECD: The Costs and Benefits of Sulphur Oxide Con-
        trol. Paris. 1981.

(32)   Ostro, B.: The Effects of Air Pollution on Work Loss
        and Morbidity. Journal of Environmental Economic and
        Management 10: 4, 371 ff., 1983.

(33)   Ridker, R. E. Economic Costs of Air Pollution. New
        York, Washington, London, 1967.

(34)   Schräder, W. F. u. D. Borgers: Arbeitsunfähigkeit
        und ärztliche Behandlung, Berlin, 1985.

(35)   Stäcker, K.-H. u. U. Bartmann: Psychologie des Rau-
        chens. Quelle + Meyer, Heidelberg, 1974.

(36)   Statistisches Amt des Saarlandes (Hrsg.): Morbidität
        und Mortalität an bösartigen Neubildungen im Saar-
        land 1983. Jahresbericht des Saarländischen Krebsre-
        gisters. Saarland in Zahlen, Sonderheft 129/1985,
        1985.

(37)   Ulmer, W. T.: Das Bronchialkarzinom im Stadt-
       /Landfaktor. Epidemiologische Studie mit Abgrenzung
       anderer Einflußgrößen. Bücherei des Pneumologen Band
       7, Monographien zur Monatszeitschrift "Praxis und
       Klinik der Pneumologie", Hrsg. Müller R. W. u. R.
       Ferlinz, Georg Thieme Verlag Stuttgart, New York,
       1982.

(38)   Wichmann, H. E.; Müller, W. u. P. Allhoff: Untersu-
       chung der gesundheitlichen Auswirkungen der Smogsi-
       tuation im Januar 1985 in Nordhrein-Westfalen. 1986.

10. ANHANG

ANHANG 1 UNTERSUCHUNGSRELEVANTE DIAGNOSEN BZW. DIAGNOSE-
GRUPPEN IN ANLEHNUNG AN DIE ICD-SYSTEMATIK
(9. REVISION)

ANHANG 2 AUSBILDUNGSSCHLÜSSEL

ANHANG 3 DATENGRUNDLAGE ZUR IMMISSIONSSITUATION IN
NORDRHEIN-WESTFALEN

ICD-Nr.	Diagnosegruppen bzw. Diagnose
	ERKRANKUNGEN DER ATMUNGSORGANE
160-165	**Bösartige Neubildungen der Atmungs- und Intrathoraklen Organe** davon:
162	Bösartige Neubildungen der Luftröhre, Bronchien und Lunge
460-466	**Akute Infektionen der Atmungsorgane** davon:
460	Akute Rhinopharyngitis (Erkältung)
461	Akute Nebenhöhlenentzündung
462	Akute Rachenentzündung
463	Akute Mandelentzündung
464	Akute Laryngitis und Tracheitis
465	Akute Infektion der oberen Luftwege an mehreren oder n.n. bez. Stellen
466	Akute Bronchitis und Brochiolitis
470-478	**Sonstige Krankheiten der oberen Luftwege** davon:
472	Chronische Pharyngitis und Rhinopharyngitis
473	Chronische Nebenhöhlenentzündung
474	Chronische Affektionen der Tonsillen und des adenoiden Gewebes
475	Peritonsillarabszeß
476	Chronische Laryngitis und Laryngotracheitis

ICD-NR.	Diagnosegruppen bzw. Diagnosen
480-487	**Pneumonie und Grippe**
	davon:
480	Viruspneumonie
481	Pneumokokkenpneumonie
482	sonstige bakterielle Pneumonien
483	Pneumonie durch n.n. bez. Erreger
484	Pneumonie bei anderweitig klassifizierten infektiösen Krankheiten
485	Bronchopneumonie durch n.n. bez. Erreger
486	Pneumonie durch n.n. bez. Erreger
487	Grippe
490-496	**Chronische obstruktive Lungenkrankheiten und verwandte Affektionen**
490	Bronchitis, nicht als akut oder chronisch bezeichnet
491	Chronische Brochnitis
493	Asthma
496	Chronischer Verschluß der Atemwege, anderweitig nicht klassifiziert

HERZ-UND KREISLAUFERKRANKUNGEN

ICD-NR.	Diagnosegruppen bzw. Diagnosen
401-405	Hypertonie und Hochdruckkrankheiten
	davon:
401	Essentielle Hypertonie
402	Hypertensive Herzkrankheit
403	Renale Hypertonie
404	Hypertonie mit Herz- und Nierenkrankheiten
405	Sekundäre Hypertonie
410-414	**Ischämische Herzkrankheiten**
	davon:

ICD-NR.	Diagnosegruppen bzw. Diagnosen
410	Akuter Myokardinfarkt
411	Sonstige akute und subakute Formen von chronischen ischämischen Herzkrankheiten
412	Alter Myokardinfarkt
413	Angina pectoris
414	Sonstige Formen von chronischen ischämischen Herzerkrankungen
415-417	**Krankheiten des Lungenkreislaufs** davon:
415	Akute pulmonale Herzkrankheit
416	Chronische pulmonale Herzkrankheit
430-438	**Krankheiten des zebrovaskulären Systems** davon:
435	Zelebrale ischämische Attacken
436	Akute oder mangelhaft bezeichnete Hirngefäßkrankheiten
451-459	**Krankheiten der Venen und Lymphgefäße sowie sonstige Krankheiten des Kreislaufsystems** davon:
458	Hypertonie

Quelle: Krankheitsartenstatistik 1983,
AOK-Bundesverband Mai 1985.

---

1   Volks-/Hauptschule, mittlere Reife oder gleichwertige Schulbildung ohne abgeschlossene Berufsausbildung

2   Volks-/Hauptschule, mittlere Reife oder gleichwertige Schulbildung mit abgeschlossener Berufsausbildung (abgeschlossene Lehr- oder Anlernausbildung, Abschluß einer Berufsfach-/Fachschule)

3   Abitur (Hochschulreife allgemein oder fachgebunden) ohne abgeschlossene Berufsausbildung

4   Abitur (Hochschulreife allgemein oder fachgebunden) mit abgeschlossener Berufsausbildung (abgeschlossene Lehr- oder Anlernausbildung, Abschluß einer Berufsfach-/Fachschule)

5   Abschluß einer Fachschule (frühere Bezeichnung: Höhere Fachschule)

6   Hochschul-/Universitätsabschluß

7   Ausbildung unbekannt, Angabe nicht möglich

Quelle: Bundesanstalt für Arbeit: Schlüsselverzeichnis für die Angaben zur Tätigkeit in den Versicherungsnachweisen, Ausgabe 1985.

1.   Umweltbundesamt; 1986:

Daten zur Umwelt 1986/87.

Erich Schmidt Verlag.

Im Teilbereich Luft dieses Berichtes wird auf 43 Meßstellen
in Nordrhein-Westfalen verwiesen. Dabei handelt es sich zum
einen um die TEMES-Stationen der Landesanstalt für Immissionsschutz des Landes Nordrhein-Westfalen (Belastungsgebiete
und Waldmeßstellen) sowie zum anderen um die UBA-Meßstelle
in Meinerzhagen. Auf die Lage der Stationen bzw. gemessene
Parameter wird unter 2. und 4. eingegangen.

Für die Komponenten **SO$_2$-, NO$_2$-, O$_3$- und Schwebstaub** wird
auf den Seiten 205-208 die Immissionssituation in der
Bundesrepublik **flächendeckend** in Rasterform (mit einigen
Lücken) dargestellt (**1985**). Das verwendete Interpolations-
verfahren (IDW) führt zu einer Darstellung der Immissionen
in der Bundesrepublik, die "doch wenigstens in Teilgebieten
vorsichtige Interpretationen" (Umweltbundesamt, 1986 (1))
ermöglicht.

In   diesen   Abbildungen   wird   Nordrhein-Westfalen   nur
unvollständig überdeckt. Zusätzlich lassen isch durch die
farbliche Abstimmung der Klassengrenzen die Werte nur
schätzungsweise herausziehen. Die veröffentlichten Daten
können in der hier dargestellten Art und Weise für die Studie als Information über die Immsissionssituation in Gebieten außerhalb des Untersuchungsraumes dienen.

2. Umweltbundesamt:
Monatsberichte aus dem Meßnetz

Vom UBA werden **laufend** Daten über die Konzentration von
SO_2, **Schwebstaub** sowie **Sulfat im Schwebstaub** der Stationen
Meinerzhagen veröffentlicht. Meßprinzip: kontinuierliche
Messungen über einen längeren Zeitraum an einem festen
Standort, vergleichbar z. B. mit den TEMES-Stationen der
LIS.

3. Ministerium für Arbeit, Gesundheit und Soziales des
Landes Nordrhein-Westfalen:
Luftreinhaltepläne.

In den Luftreinhalteplänen wird flächendeckend für das
jeweilige Erhebungsjahr die Immissionssituation bzüglich
verschiedenster Luftschadstoffe für die Bereiche **Ruhrge-**
biet-West, Ruhrgebiet-Mitte, Ruhrgebiet-Ost, Rheinschiene-
Mitte, Rheinschiene-Süd beschrieben. Als Parameter werden
im **Stichprobenverfahren** nach TA-Luft gemessen: SO_2, F, NO_2,
NO, **Staubniederschlag, Schwebstoffe, Pb, Zn, Cd, Kohlenwas-**
serstoffe; die Belastungen mit **CO, HCL, NH_3,** HCHO und verschiedenen weiteren cancerogen-verdächtigen oder cancseroge-
nen Stoffen wurde mit Hilfe eines mathematisch-meterologi-
schen Ausbreitungsmodells **simuliert.**

Da die Daten je nach Belastungsgebiet aus verschiedenen
Jahren stammen und zumeist nicht auf Mittelwerte für bestimmte Städte oder Kreise aggregiert sind, werden die vorliegenden Daten nur bei speziellen Fragestellungen verwendet.

4. Landesanstalt für Immissionsschutz des Landes Nordrhein-Westfalen:
Berichte über die Luftqualität in NRW.
TEMES Monatsberichte.

Meßdaten von den Luftschadstoffen SO_2, **NO**, NO_2, **CO**, **Schweb-staub** und O_3 werden von der LIS monatlich für die nachfolgenden TEMES-Stationen veröffentlicht ("-" bedeutet, daß dieser Parameter nicht gemessen wird). Die vorliegenden Daten können zu Jahreswerten, mittleren Monatswerten oder mittleren Jahreswerten zusammengefaßt werden. Meßprinzip sind **kontinuierliche** Messungen an **ortsfesten** Stationen (vergleichbar z.B. mit den UBA-Meßstationen).

Daten sind vorhanden für 12 Stationen ab Oktober **1977**. Im Mai **1979** wurde das Meßnetz auf 42 Stationen ausgebaut. Seit Juli **1983** wird im Eggegebirge und in der Eifel gemessen, ab **1986** auch im Rothaargebirge. Die Ozonmessungen an mehreren Stationen laufen ab April **1982**.

	SO_2	NO	NO_2	CO	SSTR	O_3
Werne	x	x	x	x	x	-
Datteln	x	x	x	x	x·	-
Bergkamen	x	x	x	x	x	-
Ickern	x	x	x	x	x	x
Brambauer	x	x	x	x	x	-
Niederaden	x	x	x	x	x	-
Frohlinde	x	x	x	x	x	-
Dortmund	x	x	x	x	x	-
Asseln	x	x	x	x	x	x
Unna	x	x	x	x	x	x
Hörde	x	x	x	x	x	-
Witten	x	x	x	x	x	-
Schwerte	x	x	x	x	x	-
Herdecke	x	-	-	x	x	-
Sickingmühle	x	x	x	x	x	x

Dorsten	x	x	x	x	x	–
Polsum	x	x	x	x	x	–
Herten	x	x	x	x	x	–
Recklinghausen	x	x	x	x	x	–
Gladbeck	x	x	x	x	x	–
Bottrop	x	x	x	x	x	–
Gelsenkirchen	x	x	x	x	x	–
Herne	x	x	x	x	x	–
Vogelheim	x	x	x	x	x	–
Altendorf	x	x	x	x	x	–
Leithe	x	x	x	x	x	–
Bochum	x	x	x	x	x	–
LIS	x	x	x	x	x	x
Hattingen	x	x	x	x	x	x
Wesel	x	x	x	x	x	x
Spellen	x	x	x	x	x	–
Bruckhausen	x	x	x	x	x	–
Budberg	x	x	x	x	x	–
Walsum	x	x	x	x	x	x
Osterfeld	x	x	x	x	x	–
Meerbeck	x	x	x	x	x	x
Meiderich	x	x	x	x	x	–
Styrum	x	x	x	x	x	–
Kaldenhausen	x	x	x	x	x	–
Bucholz	x	x	x	x	x	–
Krefeld-Mitte	x	x	x	x	x	–
Krefeld	x	x	x	x	x	–
Einbrungen	x	x	x	x	x	–
Ratingen	x	x	x	x	x	–
Lörick	x	x	x	x	x	x
Gerresheim	x	x	x	x	x	–
Neuss	x	x	x	x	x	x
Reisholz	x	x	x	x	x	–
Hilden	x	x	x	x	x	x
Dormagen	x	x	x	x	x	x
Langenfeld	x	x	x	x	x	–
Pulheim	x	x	x	x	x	–

Chorweiler	x	x	x	x	x	x
Leverkusen	x	x	x	x	x	-
Vogelsang	x	x	x	x	x	-
Riehl	x	x	x	x	x	-
Frechen	x	x	x	x	x	-
Hürth	x	x	x	x	x	x
Rodenkirchen	x	x	x	x	x	x
Wesseling	x	x	x	x	x	-
Niederkassel	x	x	x	x	x	-
Bonn	x	x	x	x	x	x
Eggegebirge	x	x	x	-	x	x
Eifel	x	x	x	-	x	x
Rothaargebirge	x	x	x	-	x	x

5. **Landesanstalt für Immissionsschutz des Landes
   Nordrhein-Westfalen:**
   Immissionsüberwachung im Lande NRW
   **III.Meßprogramm nach § 7 des Immissionsschutzgesetzes
   des Landes Nordrhein-Westfalen.**

Nach einem **Stichprobenmeßprogramm** werden im verschiedenen Landkreisen und kreisfreien Städten in Nordrhein-Westfalen von der LIS Messungen von SO_2 durchgeführt.Die Ergebnisse beruhen auf Messungen für sogenannte Einheitsflächen von 1 km^2 Größe.Berechnet werden insbesondere I1- und I2- Immissionskenngrößen.Bei den Landkreisen und kreisfreien Städten handelt es sich um **Düsseldorf, Duisburg, Essen, Krefeld, Leverkusen, Mülheim, Neuss, Oberhausen, Solingen, Kreis Dinslaken, Kreis Düsseldorf-Mettmann, Kreis Grevenbroich,Kreis Kempen-Krefeld, Kreis Moers, Kreis Rees, Kreis Rhein-Wupper, Köln, Kreis Köln,Kreis Rhein.-Bergisch, Kreis Rhein Sieg, Bottrop, Gelsenkirchen, Gladbeck, Münster, Recklinghausen, Kreis Ahaus, Kreis Beckum, Kreis Borken, Kreis Coesfeld, Kreis Lüdinghausen, Kreis Münster, Kreis Recklinghausen, Kreis Warendorf, Bochum, Castrop-Rauxel,**

Dortmund, Hagen, Herne, Lünen, Wanne-Eickel, Wattenscheid, Witten, Kreis Ennepe-Ruhr, Kreis Iserlohn, Kreis Soest, Kreis Unna. Die Daten liegen für die Jahre **1965 bis 1973** vor.

6. **Landesanstalt für Immissionsschutz des Landes Nordrhein-Westfalen: Diskontinuierliche Schwefeldioxid- und Mehrkomponentenmessungen.**

Von der LIS sind die Meßergebnisse der diskontinuierlichen **Stichprobenmessungen** für **SO_2** und **Schwebstaub** als **Jahresmittelwerte** für die Jahre **1968 bis 1985** veröffentlicht.

Die Daten für SO_2 wurden zusammengefaßt für die Gebiete:

Düsseldorf, Duisburg, Essen, Krefeld, Mülheim-Ruhr, Oberhausen, Kr. Mettmann, Kr. Neuss, Kr. Wesel, Köln, Leverkusen, Erft-Kreis, Bottrop, Gelsenkirchen, Kr, Recklinghausen, Bochum, Dortmund, Hagen-Westfalen, Herne und Kr. Unna.

Die Daten für Schwebstaub sind aggregiert veröffentlicht für **Rheinschiene-Süd, Rheinschiene-Mitte, Ruhrgebiet-West, Ruhrgebiet-Mitte, Ruhrgebiet-Ost.**

Da die Daten eine große Anzahl von Städten und Gemeinden abdecken sowie für einen längeren Zeitraum vorliegen, bilden sie eine gute Basis für die vorliegende Untersuchung.

Die Daten werden nach dem gleichen Meßprinzip erhoben wie die Werte in 3., 5., 7. oder 12..

**7.   Landesanstalt für Immissionsschutz des Landes
      Nordrhein-Westfalen:
      Immissionsmessungen in Verdichtungsräumen.**

Ziel dieses Meßprogrammes ist es, mit Hilfe einmaliger
Messungen über **1 Jahr** Informationen in Bereichen mit er-
höhter Bevölkerungsdichte und entsprechender industrieller
Verdichtung zu erhalten.

Das Meßprinzip unterliegt der gleichen Meßplanung wie in
den Belastungsgebieten: **Stichproben**messungen. Die Werte
sind damit derekt vergliechbar mit den Ergebnissen aus 3.,
5., 6. und 12.. Die Messungen wurden zwischen **1978** und **1985**
durchgeführt, anschließend ist ein neues Meßprogramm: "Mo-
bile Meßstationen" geplant.

Ausgewertet und veröffentlicht liegen Daten für die Parameter SO_2 und **Schwebstäube** für **verschiedene Jahre** in **Bielefeld, Bonn, Wuppertal, Aachen, Möchengladbach, Münster, Hagen, Krefeld, Siegen, Bergisch-Gladbach, Hamm, Wesel, Lü-
denscheid, Altena, Iserlohn und Hemer** vor.

Möglich ist eine Auswertung zu Jahresmittelwerten für **F,
Gesamt-C, Benzol, NO, NO_2, H_2S.**

**8.   Landesanstalt für Immissionsschutz des Landes
      Nordrhein-Westfalen:
      Staub- und Schwermetallniederschlagsmessungen.**

Seit 1963 wurden im Überwachungsbereich an 3.982 Meßstellen
über 12 Monate **Monatsmittelwerte** für Staubniederschlag bestimmt. Veröffentlicht sind die **mittlere Jahresbelastung**
sowie die **maximale monatliche Belastung** aus dem Zeitraum
1981-1985 für die Gebiete (zusammengefaßt) **Düsseldorf,
Duisburg, Essen, Krefeld, Mühlheim-Ruhr, Oberhausen, Kr.
Mettmann, Kr. Neuss, Kr. Wesel, Köln, Leverkusen, Erft-**

kreis, Kr. Rhein-Sieg, Bottrop, Gelsenkirchen, Kr. Recklinghausen, Kr. Warendorf, Bochum, Dortmund, Herne, Kr. Ennepe-Ruhr, Kr. Soest, Kr. Unna.

9. **Landesanstalt für Immissionsschutz des Landes Nordrhein-Westfalen:**
   a) Sondermessungen (1984-1985)
   b) Sondermessungen (1985-1986)

Für die Sondermessungen werden in einer Meßstelle kontinuierlich über den Zeitraum von einem **Monat** die Parameter SO_2, NO_2, **NO** und **Schwebstaub** gemessen. Die Daten sind somit direkt vergleichbar mit denen der TEMES-Stationen in der Belastungsgebieten bzw. in den Waldgebieten Eggegebirge, Eifel und Rothaargebirge.

Entsprechend wird auch in den Ergebnisberichten verfahren. Die Monatswerte (Mittelwerte, Maximalwerte) werden mit den aggregierten Daten der TEMES-Stationen in den Belastungsgebieten bzw. mit den Daten der Eifel- und Eggegebirgsstation verglichen.

Da es sich jedoch dabei nur um Werte eines einzelnen Monats handelt, die noch keine Aussagen über mittlere Jahresbelastungen zulassen, wurde von der Landesanstalt ein Verfahren entwickelt, (und ab 1985 auch angewendet) in dem die Möglichkeit besteht, "auf der Basis einer ortsfesten, kontinuierlichen Messung über den Zeitraum eines Kalendermonats Immissionskenngrößen für den Zeitraum eines Kalenderjahres abzuschätzen. So läßt sich speziell eine mittlere Jahresbelastung (Kenngröße I1) für einen Standort aus der gemessenen mittleren Monatsbelastung abschätzen" (Landesanstalt für Immsissionsschutz des Landes Nordrhein-Westfalen; 1986 (2)).

"Grundlage für eine solche Abschätzungsmöglichkeit sind entsprechende komponentenspezifische Auswertungen auf der Basis von TEMES-Daten des betreffenden Kalenderjahres. Aus diesen fortlaufenden kontinuierlichen Messungen lassen sich stations- und komponentenweise die Relationen zwischen Jahreskenngrößen und Monatskenngrößen ermitteln:

$$f_1 = \frac{\text{Jahresmittelwert}}{\text{Monatsmittelwert}}.$$

Auf diese Weise können für jeden Monat eines Meßjahres Mittelwerte der Verhältniszahlen f_1 über alle Stationen gebildet werden. Die mittlere Jahresbelastung koaan wie folgt ermittelt werden:

$$I1 = \text{Jahresmittelwert} = \overline{f_1} \cdot \text{Monatsmittelwert}.$$

Ist das Meßjahr noch nicht abgeschlossen, so können mittlere monatsspezifische Faktoren f_1^* aus den zur Verfügung stehenden zurückliegenden Meßjahren zur Schätzung herangezogen werden. Im vorliegenden Falle ist es möglich, auf die vollständigen TEMES-Daten der Meßjahre 1981 bis 1985 zurückzugreifen. "..." Witterungsbedingt sind diese Faktoren in der verschiedenen Meßjahren natürlich gewissen Schwankungen unterworfen, diese bleiben jedoch im vorliegenden Fall stets kleiner oder gleich $\pm$ 15 %.

Es werden also Immissionswerte berechnet, die nach Angaben der LIS z. B. mit denen der Technischen Anleitung zur Reinhaltung der Luft verglichen werden können.

Unter der Annahme, daß das von der LIS angewendete Verfahren in den angegebenen Fehlergrenzen annehmbare Daten liefert (eine Beurteilung dazu kann im Rahmen dieser Studie nicht erfolgen), wäre weiterhin ein Vergleich dieser Daten mit anderen mittleren Jahresbelastungen z. B. der TEMES-

Stationen oder der diskontinuierlichen Messungen möglich.
Es muß jedoch beachtet werden, daß es sich dabei um deutlich verschiedene Meßprinzipien handelt.

Sondermessungen wurden bislang durchgeführt für die Städte
**Pulheim, Haltern, Rommerskirchen, Troisdorf, Wulfen, Bad
Salzuflen, Detmold, Gütersloh und Herford,** wobei für die
letzten vier Städte die Hochrechnung auf Jahreswerte erfolgte.

10. **Klockow, D. et al., Universität Dortmund:**
    Erfassung gas- und partikelförmiger reaktiver
    atmosphärischer Spurenbestandteile in der Nähe
    geschädigter bzw. gefährdeter Waldbestände.
    BMI/UBA-Vorhaben Waldschäden/ Luftverunreinigungen.

In diesem Projekt werden seit **Februar '85** kontinuierlich
die Parameter SO_2, **NO, NO_2** und O_3 gemessen. Meßstandorte
sind in einiger Entfernung von Siedlungen die Stationen
Aberg und **Hunau.** Die Daten dieser Waldstandorte sind damit
vergleichbar mit denen der kontinuierlich arbeitenden Stationen Meinerzhagen 2., Egge- und Rothaargebirge, Eifel 4.
sowie vom Meßprinzip mit den übrigen TEMES-Stationen der
Belastungsgebiete.

11. **Klug, W. u. Gerth, W. P., 1981:**
    Regionales Immissionsmodell Münsterland –
    Abschlußbericht
    Teil 1: Statistische Auswertungen.

Für das gesamte Jahr **1979** liegen für die Stationen in **Hei-
den, Seppenrade, Hamm, Coesfeld, Lippborg, Drensteinfurt,
Berghorst, Telgte, Herzebrock, Riesenbeck, Glandorf** und
Bielefeld kontinuierliche Messungen der Parameter SO_2 und
NO_2 vor, wovon Monats- und Jahresmittelwerte veröffentlicht
sind. Da die Messungen schon relativ alt sind und neuere

nicht vorhanden sind, lassen sich die Daten nur für eine
Abschätzung bezüglich der Immissionssituation in früheren
Jahren verwenden. Dabei ist zu berücksichtigen, daß sich
die Emissionssituation in der letzten Zeit möglicherweise
verändert hat.

12. Rheinisch-Westfälischer Technischer Überwachungsverein e.V., 1986:
Bericht über Immissionsmessungen für den
Luftreinhalteplan Ost.
Meßorte: Borken, Dülmem.
Meßzeit: 23.10.1984-22.10.1985.
Auftraggeber MAGS, Düsseldorf.

Stichprobenmessungen nach TA-Luft wurden im Rahmen des Berichtes über die Immissionssituation im Raum **Dülmemm** und
Borken im Jahr (nicht exakt) **1985** durchgeführt. Ermittelt
wurden die Jahreswerte für NO_2, SO_2, **SST**, **STN**, **Pb** und **Cd** im
Staubniederschlag.

Dem Meßprinzip nach vergleichbar sind die Jahreswerte mit
denen der Luftreinhaltepläne bzw. denen der
diskontinuierlichen LIS-Messungen im Jahre 1985. Ein Vergleich zu 84 er oder 86 er-Daten ist wegen der unterschiedlichen Datenbasis nur bedingt möglich. Insbesondere können
Jahre mit Smog-Episoden in ihren Werten erheblich von denen
ohne derartige Ereignisse abweichen. Beim Vergleich von Daten unterschiedlicher Zeiträume ist auf solche Extremsitua-
tionen besonders zu achten.

LITERATURHINWEISE ZU ANHANG 3

(1)   Umweltbundesamt: Daten zur Umwelt 1986/87, Erich
        Schmidt Verlag, 1986.

(2)   Landesanstalt für Immissionsschutz des Landes
        Nordrhein-Westfalen: Berichte über die Luftqualität
        in Nordrhein-Westfalen, Sondermessungen 02.06.-
        30.06. 1986, 1986.

Wirtschaftswissenschaftliche Beiträge

Band 14
Detlev Bonneval
**Kostenoptimale Verfahren in der
statistischen Prozeßkontrolle**
– Eine praxisorientierte
Untersuchung –
1989. 180 Seiten. Brosch. DM 55,-
ISBN 3-7908-0440-1

Band 15
Thomas Rüdel
**Kointegration und
Fehlerkorrekturmodelle**
– Mit einer empirischen Unter-
suchung zur Geldnachfrage
in der Bundesrepublik Deutschland –
1989. 138 Seiten. Brosch. DM 49,-
ISBN 3-7908-0441-X

Band 16
Konrad Rentrup
**Heinrich von Storch, das
„Handbuch der
Nationalwirthschaftslehre" und die
Konzeption der „inneren Güter"**
1989. 146 Seiten. Brosch. DM 55,-
ISBN 3-7908-0445-2

Band 17
Manfred A. Schöner
**Überbetriebliche
Vermögensbeteiligung**
1989. 417 Seiten. Brosch. DM 98,-
ISBN 3-7908-0446-0

Band 18
Paulo Haufs
DV-Controlling
– Konzeption eines operativen
Instrumentariums aus Budgets –
Verrechnungspreisen – Kennzahlen –
1989. 166 Seiten. Brosch. DM 55,-
ISBN 3-7908-0447-9

Band 19
Rainer Völker
**Innovationsentscheidungen
und Marktstruktur**
– Der suchtheoretische Ansatz –
1989. 221 Seiten. Brosch. DM 65,-
ISBN 3-7908-0452-5

Band 20
Petra Bollmann
**Technischer Fortschritt und
wirtschaftlicher Wandel**
– Eine Gegenüberstellung
neoklassischer und evolutorischer
Innovationsforschung –
1989. 184 Seiten. Brosch. DM 59,-
ISBN 3-7908-0453-3

Band 21
Franz Hörmann
**Das Automatisierte, Integrierte
Rechnungswesen**
– Theoretische Konzeption
und praktische Realisation mit einem
Programmpaket geschrieben in der
Programmiersprache C –
1989. 408 Seiten. Brosch. DM 89,-
ISBN 3-7908-0454-1

Band 22
Winfried Böing
Interne Budgetierung im Krankenhaus
– Beziehungen zur externen
Budgetierung, Gestaltungsformen,
Voraussetzungen und Steuerungs-
möglichkeiten –
1990. 274 Seiten. Brosch. DM 69,-
ISBN 3-7908-0456-8

Band 23
Gholamreza Nakhaeizadeh und
Karl-Heinz Vollmer (Hrsg.)
**Neuere Entwicklungen in der
Angewandten Ökonometrie**
– Beiträge zum 1. Karlsruher
Ökonometrie-Workshop –
1990. 248 Seiten. Brosch. DM 68,-
ISBN 3-7908-0457-6

Band 24
Thomas Braun
**Hedging mit fixen Termingeschäften
und Optionen**
– Ein Vergleich auf der Grundlage
eines operationalisierten Risiko-
managementkonzeptes –
1990. 167 Seiten. Brosch. DM 55,-
ISBN 3-7908-0459-2

Band 25
Georg Inderst, Peter Mooslechner
und Brigitte Unger (Hrsg.)
**Das System einer Sparförderung
in Österreich**
– Versuch einer Effizienzanalyse aus
finanzwissenschaftlicher Sicht –
1990. 126 Seiten. Brosch. DM 55,-
ISBN 3-7908-0461-4

Band 26
Thomas Apolte und Martin Kessler
(Hrsg.)
**Regulierung und Deregulierung im
Systemvergleich**
1990. 313 Seiten. Brosch. DM 79,-
ISBN 3-7908-0462-2

Band 27
Joachim Lamel/Michael Mesch/
Jiři Skolka (Hrsg.)
**Österreichs Außenhandel mit
Dienstleistungen**
1990. 335 Seiten. Brosch. DM 79,-
ISBN 3-7908-0467-3